热带珊瑚岛

REDAI SHANHUDAO
YOUHAISHENGWU
TUPU

有害生物图谱

主　编：刘东明　陈华燕　王　俊
副主编：任　海　简曙光　沈　彤　郭华雨

中国林业出版社
China Forestry Publishing House

热带珊瑚岛有害生物图谱

主　　编：刘东明　陈华燕　王　俊

副 主 编：任　海　简曙光　沈　彤　郭华雨

策　　划：王颢颖

特约编辑：吴文静

图书在版编目（CIP）数据

热带珊瑚岛有害生物图谱 / 刘东明，陈华燕，王俊主编；任海等副主编 . -- 北京：
中国林业出版社 , 2025. 2. -- ISBN 978-7-5219-3256-0

Ⅰ . Q95-64；S45-64

中国国家版本馆 CIP 数据核字第 2025F8Z802 号

责任编辑　张　健

版式设计　柏桐文化传播有限公司

出版发行　中国林业出版社

　　　　　（100009，北京市西城区刘海胡同 7 号，电话 010-83143621）

电子邮箱　cfphzbs@163.com

网　　址　www.cfph.net

印　　刷　北京雅昌艺术印刷有限公司

版　　次　2025 年 2 月　第 1 版

印　　次　2025 年 2 月　第 1 次印刷

开　　本　787 mm×1092 mm　1/16

印　　张　19.5

字　　数　416 千字

定　　价　268.00 元

编委会

主　编：刘东明　陈华燕　王　俊

副主编：任　海　简曙光　沈　彤　郭华雨

编　委（按姓氏拼音排序）：

陈华燕　邓双文　董　伟　郭华雨　黄露平

简曙光　李春宇　刘东明　刘东香　刘国松

罗世孝　马海丽　任　海　沈　彤　滕雪娇

王　俊　袁景泉　张　涵　张　杰

内容简介

　　热带珊瑚岛礁主要由珊瑚虫残骸累积而成，土壤是由珊瑚尸体、贝壳碎屑、鸟粪等在生物与非生物的长期作用下形成的，pH 值 8~10。岛屿上植被由天然植被和人工植被构成，天然乡土植物种类较少，多为临近地区的植物扩散而来。这些植被为热带珊瑚岛生态平衡的维持、生态系统的改善以及保障海鸟等动物的栖息发挥重要作用。但随着全球动植物的迁移、扩散和定殖，这些岛屿的有害植物和有害动物的物种数和丰度不断增加，它们的存在会导致生物多样性的下降，给脆弱的珊瑚岛生态系统带来重大危害，甚至影响到珊瑚岛生态安全和可持续发展。在全面系统调查的基础上，本书共收录了有害植物 40 种，有害昆虫 84 种，螨类 2 种，有害软体动物 2 种，详细介绍了每种有害生物的形态特征、危害、防控措施等，并配有相关图片。本书可为热带珊瑚岛科学研究、生态保护及资源管理提供参考。

前言

南海诸岛为我国南海中的 200 多个岛、屿、礁、沙洲的总称，按其分布位置分为东沙群岛、西沙群岛、中沙群岛、南沙群岛。南海诸岛自古就是我国领土不可分割的一部分，拥有着丰富的生物资源、矿产资源、港口资源、旅游资源、生态环境资源等，具有极为重要的战略、权益、资源和生态价值。南海诸岛战略位置十分重要，对巩固我国海防和维护海洋权益具有重要作用，也是支撑"经略南海、一带一路"等国家举措的节点。《中华人民共和国海岛保护法》为海岛保护和利用提供了法律依据，提出了"科学规划、保护优先、合理开发、永续利用"的原则。南海诸岛基本为珊瑚岛（礁），具有高盐、强碱、高温、强光、缺土肥、易干旱等极端环境特点，导致植物种类少、群落结构简单、植被及生态系统易退化、难恢复。然而，由于人为活动（如国际贸易、旅游、运输等）的加剧，进一步导致有害生物的大面积传播，这对于生态系统相对脆弱的海岛造成了严重威胁，其中有害植物和病虫害的危害就是西沙群岛植被退化的最重要原因之一。

有害生物是指对人类健康、农业生产、生态环境等造成负面影响的生物体，通常包括害虫、病原体、杂草及入侵物种等。

热带珊瑚岛礁主要由珊瑚虫残骸累积而成，土壤是由珊瑚尸体、贝壳碎屑、鸟粪等在生物与非生物的长期作用下形成的，pH 值 8~10，含盐量高。珊瑚岛礁植被由天然植被和人工植被构成，天然乡土植物种类较少，多为临近地区的植物扩散而来。这些植被为珊瑚岛生态平衡的维持、珊瑚礁生态系统的改善以及保障海鸟等动物的栖息发挥重要作用。但随着全球动植物的迁移、扩散和定殖，这些岛屿的有害植物和有害动物的物种数和丰度不断增加，

它们的存在会导致生物多样性的下降，给脆弱的热带珊瑚岛生态系统带来难以估量的危害，甚至影响到珊瑚岛生态安全和可持续发展。近年来，我们通过多次系统的实地调查，发现我国热带珊瑚岛主要有害植物有本地植物无根藤，外来入侵植物飞机草、巴西含羞草等；主要有害昆虫有蛾类、蝗虫类等。有害昆虫大面积暴发可导致较大程度的危害，如甘薯天蛾幼虫暴发时，大量取食厚藤叶片和嫩茎，导致砂地裸露；云斑斜线天蛾幼虫发生数量多时，可将抗风桐嫩叶全部吃光；蝗虫暴发时不仅危害草坪草，还吸引鸟类聚集于机场草坪，影响航空安全。

在国家重点研发计划项目（编号：2021-400、2022-700）等项目的资助下，我们完成了本书的编写。本书除未收录病害外，较全面地描述了我国热带珊瑚岛 40 种有害植物、84 种有害昆虫、2 种螨类和 2 种有害软体动物的分类学特征、生境、生态影响和防治方法等，为我国热带珊瑚岛科学研究、生态系统保护、恢复及资源管理等提供基础数据和参考资料。同时，可帮助读者更好地认识和理解这些生物在热带珊瑚岛生态系统中的现状及危害。本书的描述简明扼要，图文并茂，是一部集科普性、实用性和科学性于一体的著作，同时希望本书能够加强读者对有害生物的认识和吸引读者对热带珊瑚岛生态环境的关注，并激励更多的人参与热带珊瑚岛生态系统、生物多样性保护以及生态文明建设行动中来，为建设宜居生态岛贡献力量。

书中如有疏漏及错误之处，敬请读者不吝指正。

编委会

2025 年 2 月

目 录

前言

第一章 有害植物

樟科·····································2
无根藤·································2

白花菜科·····························4
皱子鸟足菜···························4

苋科·····································6
空心莲子草···························6
青葙·····································8

西番莲科·····························12
龙珠果·································12

葫芦科·································16
番马㼄·································16

锦葵科·································20
黄花棯·································20

梧桐科·································24
蛇婆子·································24

大戟科·································26
飞扬草·································26
通奶草·································28
匍匐大戟·····························30
苦味叶下珠···························32
蓖麻·····································34

豆科·····································38
南美山蚂蟥···························38
银合欢·································40
巴西含羞草···························42
无刺含羞草···························44
含羞草·································46

茜草科·································48
盖裂果·································48
墨苜蓿·································50
阔叶丰花草···························52
光叶丰花草···························54

菊科 ································· 56
藿香蓟 ······························ 56
鬼针草 ······························ 58
飞机草 ······························ 60
小蓬草 ······························ 64
微甘菊 ······························ 66
翼茎阔苞菊 ·························· 68
假臭草 ······························ 70
南美蟛蜞菊 ·························· 72
羽芒菊 ······························ 74
孪花蟛蜞菊 ·························· 76

茄科 ································· 78
白花曼陀罗 ·························· 78

苦蘵 ································· 80
少花龙葵 ···························· 82

旋花科 ······························· 84
五爪金龙 ···························· 84

马鞭草科 ····························· 86
马缨丹 ······························ 86
假马鞭 ······························ 88

禾本科 ······························· 90
蒺藜草 ······························ 90
红毛草 ······························ 92

第二章 有害昆虫

蜚蠊目 ······························· 96
德国小蠊 ···························· 97
美洲大蠊 ···························· 98

缨翅目 ······························· 99
西花蓟马 ··························· 100
榕管蓟马 ··························· 102

直翅目 ······························ 103
短额负蝗 ··························· 104
棉蝗 ······························· 106

刺胸蝗 ····························· 108
西沙卫蝗 ··························· 110
花胫绿纹蝗 ························· 112
东亚飞蝗 ··························· 114
疣蝗 ······························· 116

半翅目 ······························ 118
棉叶蝉 ····························· 119
小绿叶蝉 ··························· 120
黑点纹翅飞虱 ······················ 122
白背飞虱 ··························· 124

大叶相思羞木虱 ············· 126
银合欢异木虱 ············· 128
黄槿瘦木虱 ············· 130
海棠果翅木虱 ············· 132
黄蟋蟀 ············· 134
白盾弧角蝉 ············· 136
新菠萝灰粉蚧 ············· 138
双条拂粉蚧 ············· 140
扶桑绵粉蚧 ············· 142
苏铁白盾蚧 ············· 144
烟粉虱 ············· 146
埃及吹绵蚧 ············· 148
银毛吹绵蚧 ············· 150
豆蚜 ············· 152
棉蚜 ············· 154
夹竹桃蚜 ············· 155
锚纹二星蝽 ············· 156
壁蝽 ············· 157
斯氏珀蝽 ············· 158
点蜂缘蝽 ············· 160
条赤须盲蝽 ············· 162
瘤缘蝽 ············· 164
叶足缘蝽 ············· 166
粟缘蝽 ············· 168
黑带红腺长蝽 ············· 170
亚铜平龟蝽 ············· 172

鞘翅目 ············· 174
纺星花金龟 ············· 175

茄二十八星瓢虫 ············· 176
甘薯小象甲 ············· 177
绿鳞象甲 ············· 178
椰心叶甲 ············· 180
甘薯台龟甲 ············· 182
甘薯肖叶甲 ············· 183
黄曲条跳甲 ············· 184

双翅目 ············· 185
美洲斑潜蝇 ············· 186
草海桐蛇潜蝇 ············· 188
白纹伊蚊 ············· 190
柑橘小实蝇 ············· 192
家蝇 ············· 194

鳞翅目 ············· 195
曲纹紫灰蝶 ············· 196
毛眼灰蝶 ············· 198
波蛱蝶 ············· 200
翠袖锯眼蝶 ············· 202
翠蓝眼蛱蝶 ············· 203
小菜蛾 ············· 204
瓜绢野螟 ············· 206
泡桐卷野螟 ············· 208
角翅绿野螟 ············· 210
缘黑黄野螟 ············· 212
拟三色星灯蛾 ············· 214
豆荚斑螟 ············· 216
一点拟灯蛾 ············· 218

甘薯天蛾················220

西沙透翅天蛾··········222

夹竹桃天蛾············224

茜草后红斜线天蛾······226

云斑斜线天蛾··········228

膝带长喙天蛾··········230

柚木驼蛾··············232

六带桑舞蛾············234

飞扬阿夜蛾············236

草地贪夜蛾············238

斜纹夜蛾··············240

椰子织蛾··············242

膜翅目············**245**

红火蚁················246

长足捷蚁··············248

点马蜂················250

黑棕马蜂··············252

第三章 有害螨类

真螨目············**256**

木槿瘿螨··············257

朱砂叶螨··············260

第四章 有害软体动物

柄眼目············**264**

非洲大蜗牛············264

同型巴蜗牛············266

参考文献··············268

附录1 热带珊瑚岛有害生物防控········270

附录2 有害生物列表及其对应的防控方法
··············282

中文名索引············295

学名索引··············298

第一章

有害植物

无根藤 *Cassytha filiformis* L.

樟科 Lauraceae　无根藤属 *Cassytha*

形态特征

寄生缠绕草本植物，借盘状吸根攀附于寄主植物上。茎线形，绿色或绿褐色。叶退化为微小的鳞片。穗状花序长 2~5 cm，密被锈色短柔毛；苞片和小苞片微小，宽卵圆形，长约 1 mm，褐色，被缘毛。花小，白色，长不及 2 mm，无梗；花被裂片 6，排成二轮，外轮 3 枚小，圆形，内轮 3 枚较大，卵形；能育雄蕊 9，退化雄蕊 3。子房卵球形。果卵球形，包藏于花后增大的肉质果托内，离生，顶端有宿存的花被片。花果期 5~12 月。

国内分布

广东、海南、广西、湖南、江西、浙江、福建、台湾、贵州、云南等。西沙群岛、南沙群岛有分布。

国外分布

亚洲、非洲、大洋洲和美洲热带地区。

盘状吸根寄生于枝条上吸取营养

危害银毛树

生 境

生于山坡灌木丛、疏林、路旁绿化带等，以及红树林区林缘。寄生在其他植物上。

危 害

阳生性寄生植物，对寄主有害，借盘状吸根吸取寄主植物水分和营养，致使寄主植物枯枝、枯死。在珊瑚岛上的某些位置危害较重。目前无根藤在西沙群岛、南沙群岛的寄主有 20 多种。

防 控

以人工清除为主，也可使用选择性化学除草剂防除，如将灭草松与有机硅油按照一定比例混合进行喷雾防除，喷雾时，主要喷洒于无根藤上。

果

危害草海桐

危害海岸桐

皱子鸟足菜 *Cleome rutidosperma* DC.

别名：皱子白花菜

白花菜科 Cleomaceae 鸟足菜属 *Cleome*

形态特征

一年生草本。茎直立、开展或平卧，分枝疏散，高达 90 cm，无刺。茎、叶柄及叶背脉上疏被无腺疏长柔毛。叶具 3 小叶，叶柄长 2~20 mm；小叶椭圆状披针形，有时近斜方状椭圆形，顶端急尖或渐尖、钝形或圆形，基部渐狭或楔形，边缘有具纤毛的细齿，中央小叶最大，长 1~2.5 cm，宽 5~12 mm，侧生小叶较小，两侧不对称。花单生于茎上部具短柄的较小叶片的叶腋内，常 2~3 朵花连接着生在 2~3 节上形成开展有叶而间断的花序；花梗纤细，长 1.2~2 cm，果时长约 3 cm；萼片 4，绿色，分离，狭披针形，顶端尾状渐尖，长约 4 mm，背部被短柔毛，边缘有纤毛；花瓣 4，花瓣中部有黄色横带，顶端急尖或钝形，有小凸尖头，基部渐狭延成短爪，近倒披针状椭圆形，全缘；雄蕊 6，花丝长 5~7 mm，花药长 1.5~2 mm；雌蕊柄长 1.5~2 mm，果时长 4~6 mm。果线柱形，表面平坦或微呈念珠状，两端变狭，顶端有喙，长 3.5~6 cm；种子近圆形，背部有 20~30 条横向脊状皱纹。花果期 6~9 月。

植株

国内分布

广东、海南、广西、云南、台湾。西沙群岛、南沙群岛有分布。

国外分布

原产于热带非洲西部，自几内亚至刚果（金）、刚果（布）与安哥拉。

生　境

生于路旁草地、荒地、苗圃、农场，常为田间杂草。

危　害

在珊瑚砂环境下，主要在草地发现，危害较轻。

防　控

耕作防除，增加土壤覆盖物，降低种子的发芽率；高作物密度、间种套作，有较好的防控效果。化学防除，可选用草甘膦等除草剂。

花

果

空心莲子草 *Alternanthera philoxeroides* (Mart.) Griseb.

别名：喜旱莲子草

苋科 Amaranthaceae 莲子草属 *Alternanthera*

形态特征

多年生草本。茎基部匍匐，上部上升，长 55~120 cm，具分枝。幼茎及叶腋有白色或锈色柔毛，茎老时无毛，仅在两侧纵沟内保留。叶片矩圆形、矩圆状倒卵形或倒卵状披针形，长 2.5~5 cm，宽 7~20 mm，顶端急尖或圆钝，具短尖，基部渐狭，全缘，下面有颗粒状突起；叶柄长 3~10 mm。花密生，形成具总花梗的头状花序，单生于叶腋，球形，直径 8~15 mm；苞片及小苞片白色；苞片卵形，小苞片披针形；花被片矩圆形，白色，光亮，无毛，顶端急尖，背部侧扁；雄蕊花丝长 2.5~3 mm，基部连合成杯状；退化雄蕊矩圆状条形，和雄蕊约等长，顶端裂成窄条；子房倒卵形，具短柄，背面侧扁，顶端圆形。花期 5~10 月。不结实或结实率低。

国内分布

广东、海南、广西、江西、湖南、湖北、福建、台湾、江苏、浙江、安徽、贵州、四川、云南、山东、山西、陕西、北京、辽宁等。南沙群岛偶见。

国外分布

原产于南美洲，归化于北美洲。

植株

生　境

干旱陆地至湿生生境均可生长，易生于池沼、水沟、农田、城市绿地。

危　害

根系发达，茎叶繁茂。在农田中生长，会降低作物产量；入侵公园、草坪绿地，破坏景观，增加养护成本；其繁殖力强，排挤其他植物，降低植物群落的稳定性，严重危及生物多样性，破坏生态环境。在热带珊瑚岛见于铺放红土多的草坪中。较难根除。危害程度中等。

防　控

物理防治，以清除地上、地下部分为主，尤其是地下根部；生物防治，释放莲草直胸跳甲有一定的防治效果。

花

花及叶背

青葙 *Celosia argentea* L.

别名：百日红、野鸡冠花、海南青葙

苋科 Amaranthaceae　青葙属 *Celosia*

形态特征

一年生草本，株高达 1 m，全株无毛。叶长圆状披针形、披针形或披针状条形，长 5~8 cm，宽 1~3 cm，先端尖或渐尖，具小芒尖，基部渐窄；叶柄长 0.2~1.5 cm，或无叶柄。塔状或圆柱状穗状花序不分枝，长 3~10 cm；苞片及小苞片披针形，白色，先端渐尖成细芒，具中脉；花被片长圆状披针形，长 0.6~1 cm，花初为白色顶端带红色，或全部粉红色，后白色；花丝长 2.5~3 mm，花药紫色；花柱紫色，长 3~5 mm。胞果卵形，长 3~3.5 mm。包在宿存花被片内；种子肾形，扁平，双凸，径约 1.5 mm。花期 5~8 月，果期 6~10 月。

花初期

国内分布

分布几遍全国。

国外分布

朝鲜、日本、俄罗斯、印度、越南、缅甸、泰国、菲律宾、马来西亚及非洲热带。

生　境

生于路边、荒地、林下等。

危　害

生长快，结实率高，种子易传播扩散，为草地杂草。

防　控

在开花或果实成熟前人工清除。以草地、藤本植物覆盖裸地，可阻止其扩张。

花后期

生境

龙珠果 *Passiflora foetida* L.

西番莲科 Passifloraceae 西番莲属 *Passiflora*

形态特征

　　草质藤本。茎柔弱，被平展柔毛。叶膜质，宽卵形或长圆状卵形，长 4.5~13 cm，宽 4~12 cm，先端尖或渐尖，基部心形，3 浅裂，有缘毛及少数腺毛，两面及叶柄均被丝状长伏毛，叶上面混生少量腺毛，叶下面中部有散生小腺点；叶柄长 2~6 cm，无腺体，托叶细线状分裂，裂片顶端有腺体。聚伞花序具 1 花；花白色或淡紫色，径 2~3 cm；苞片羽状分裂，裂片顶端具腺毛；萼片长圆形，长 1.5~1.8 cm，背面近顶端具角状附属物；花瓣与萼片近等长；副花冠裂片 3~5 轮；内花冠长 1~1.5 mm；雌雄蕊柄长 5~7 mm；花丝基部合生，花药长约 4 mm；柱头头状，花柱 3~4，子房椭球形，长约 6 mm。浆果卵球形或球形，径 2~3 cm。花期 7~8 月，果期翌年 4~5 月。

国内分布

　　广东、广西、海南、云南、台湾。西沙群岛、南沙群岛有分布。

危害海滨木巴戟

国外分布

原产于西印度群岛，现为泛热带杂草。

生　境

生于路旁、农地、树林边。

危　害

攀附于其他植物上生长，形成大面积单优群落，影响其他植物的光合作用，降低生物多样性。在珊瑚砂环境下，生长于灌丛、林缘、草地等处，有时覆盖面积较大，生长较好，有一定危害，需予以清除。危害程度中等。

防　控

在结果前将其清除，先找到根部直接割断，待植株萎蔫后再进一步清理。尽量不使用化学除草剂。

花

果

覆盖草地

番马㼎 *Melothria pendula* L.

别名：美洲㼎马儿

葫芦科 Cucurbitaceae　番马㼎属 *Melothria*

形态特征

攀缘草本植物。茎细长蔓生，具棱槽，表面被短柔毛或近无毛，节处常生卷须，用于攀附。叶互生，宽卵形至心形，长 3~8 cm，边缘具不规则浅裂或锯齿，叶基心形，两面疏被糙毛；叶柄长 1~4 cm，被柔毛。雌雄同株，单性花；雄花簇生于叶腋，花冠钟形，浅黄色，5 裂，雄蕊 3 枚；雌花单生，子房下位，花柱短，柱头 3 裂。果实为浆果，椭圆形或卵球形，长 1~2 cm，未成熟时绿色带浅色条纹，成熟后转为黑色或深紫色；表面光滑，果肉薄，内含多数种子；种子扁卵形，长 3~5 mm，乳白色至淡黄色，表面光滑。

国内分布

南部地区。

国外分布

广泛分布于亚洲热带至亚热带地区。

花

幼果

生 境

常生于荒地、林缘或灌丛中，喜温暖湿润环境。

危 害

攀附于其他植物上生长，形成大面积覆盖层，影响其他植物的光合作用。在珊瑚砂环境下生长较好。危害程度中等。

防 控

在结果前将其清除，先找到根部直接割断，待植株萎蔫后再进一步清理。

果

攀爬于树上影响光合作用

黄花稔 *Sida acuta* Burm. F.

别名：扫把麻

锦葵科 **Malvaceae** 黄花稔属 *Sida*

形态特征

直立亚灌木状草本，高 1~2 m。分枝多，小枝被柔毛至近无毛。叶披针形，长 2~5 cm，宽 4~10 mm，先端短尖或渐尖，基部圆或钝，具锯齿，两面均无毛或疏被星状柔毛，上面偶被单毛；叶柄长 4~6 mm，疏被柔毛；托叶线形，与叶柄近等长，常宿存。花单朵或成对生于叶腋，花梗长 4~12 mm，被柔毛，中部具节；萼浅杯状，无毛，长约 6 mm，下半部合生，裂片 5，尾状渐尖；花黄色，直径 8~10 mm，花瓣倒卵形，先端圆，基部狭长 6~7 mm，被纤毛；雄蕊柱长约 4 mm，疏被硬毛。蒴果近圆球形，分果片 4~9，但通常为 5~6，长约 3.5 mm，顶端具 2 短芒，果皮具网状皱纹。花期冬春季。

植株

国内分布

广东、海南、广西、福建、台湾和云南。西沙群岛、南沙群岛有分布。

国外分布

印度、越南和老挝。

生　境

主要生长于林缘、空旷地。

危　害

在珊瑚砂环境下危害不大。

防　控

可以通过人工拔除的方式达到防控目的。

花

生境

蛇婆子 *Waltheria indica* L.

别名：草梧桐、和他草

梧桐科 Sterculiaceae 蛇婆子属 *Waltheria*

形态特征

　　直立或匍匐状半灌木，长达 1 m。多分枝，小枝密被短柔毛。叶卵形或长椭圆状卵形，长 2.5~4.5 cm，宽 1.5~3 cm，顶端钝，基部圆形或浅心形，边缘有小齿，两面均密被短柔毛；叶柄长 0.5~1 cm。聚伞花序腋生，头状，近于无轴或有长约 1.5 cm 的花序轴；小苞片狭披针形，长约 4 mm；萼筒状，5 裂，长 3~4 mm，裂片三角形，远比萼筒长；花瓣 5 片，淡黄色，匙形，顶端截形，比萼略长；雄蕊 5 枚，花丝合生成筒状，包围着雌蕊；子房无柄，被短柔毛，花柱偏生，柱头流苏状。蒴果小，二瓣裂，倒卵形，长约 3 mm，被毛，为宿存的萼所包围，内有种子 1 个；种子倒卵形。花期夏秋季。

国内分布

　　广东、海南、广西、福建、台湾、云南等。西沙群岛、南沙群岛有分布。

群落

国外分布

原产于美洲热带地区，现归化于泛热带地区。

生　境

生于北回归线以南的海边和丘陵地，喜路旁、向阳草坡。

危　害

会排挤本地植物，影响生物多样性。在热带珊瑚岛偶见，危害较轻。

防　控

应严格控制其生长范围，防止扩散到自然植被恢复区；人工拔除控制危害。

叶

花

飞扬草 *Euphorbia hirta* L.

别名：大飞扬

大戟科 Euphorbiaceae　大戟属 *Euphorbia*

形态特征

一年生草本。根径 3~5 mm，常不分枝，稀 3~5 分枝。茎自中部向上分枝或不分枝，高达 60 cm，被褐色或黄褐色粗硬毛。叶对生，披针状长圆形、长椭圆状卵形或卵状披针形，长 1~5 cm，中上部有细齿，中下部较少或全缘，下面有时具紫斑，两面被柔毛；叶柄极短。花序多数，于叶腋处密集呈头状，无梗或具极短梗，被柔毛；总苞钟状，被柔毛，边缘 5 裂，裂片三角状卵形，腺体 4，近杯状，边缘具白色倒三角形附属物；雄花数枚，微达总苞边缘；雌花 1，具短梗，伸出总苞。蒴果三棱状；种子近圆形，具 4 棱，棱面数个纵槽。花果期 6~12 月。

国内分布

广东、广西、海南、江西、湖南、福建、台湾、四川、贵州和云南。西沙群岛、南沙群岛有分布。

叶

国外分布

原产于美国南部至阿根廷、西印度群岛，归化于世界热带和亚热带地区。

生　境

生于路旁、草丛、村边、灌丛及山坡，多见于砂质土。

危　害

常见杂草，种子量大，每株可产生2900粒种子，繁殖力强，种子小，可借助水、人、畜等外力远距离传播。适应能力强。在珊瑚岛环境下容易生长，侵占草坪，影响景观，危害严重。全株有毒，误食导致腹泻。

防　控

在开花前人工拔除，或使用2,4-D钠盐、啶嘧磺隆除草剂防除。

花

群落

通奶草 *Euphorbia hypericifolia* L.

别名：小飞扬草、南亚大戟

大戟科 Euphorbiaceae 大戟属 *Euphorbia*

形态特征

一年生草本。根纤细，长 10~15 cm。茎直立，自基部分枝或不分枝，高 15~30 cm。叶对生，狭长圆形或倒卵形，长 1~2.5 cm，宽 4~8 mm，先端钝或圆，基部圆形，通常偏斜，不对称，边缘全缘或基部以上具细锯齿，上面深绿色，下面淡绿色，有时略带紫红色；叶柄极短；托叶三角形；苞叶 2 枚，与茎生叶同形。花序数个簇生于叶腋或枝顶，每个花序基部具纤细的柄；总苞陀螺状；边缘 5 裂，裂片卵状三角形；腺体 4，边缘具白色或淡粉色附属物；雄花数枚，微伸出总苞外；雌花 1 枚；子房三棱状；花柱 3；柱头 2 浅裂。蒴果三棱状，成熟时分裂为 3 个分果爿；种子卵棱状。花果期 8~12 月。

国内分布

广东、海南、广西、江西、湖南、四川、贵州、云南和台湾。西沙群岛、南沙群岛有分布。

植株

国外分布

广布于世界热带和亚热带地区。

生 境

生于旷野荒地、路旁、灌丛及田间。

危 害

种子量大，繁殖力强，种子细小，可借助交通工具、人、畜等外力远距离传播。在草坪危害严重。

防 控

一般杂草。在开花前人工拔除，或使用 2,4-D 钠盐除草剂防除。

花

群落

匍匐大戟 *Euphorbia prostrata* Ait.

别名：铺地草

大戟科 Euphorbiaceae　大戟属 *Euphorbia*

形态特征

一年生草本。根纤细，长 7~9 cm。茎匍匐状，自基部多分枝，长 15~19 cm，通常呈淡红色或红色，少绿色或淡黄绿色，无毛或被少许柔毛。叶对生，椭圆形至倒卵形，长 3~7 mm，宽 2~4 mm，先端圆，基部偏斜，不对称，边缘全缘或具不规则的细锯齿；叶面绿色，叶背有时略呈淡红色或红色；叶柄极短或近无；托叶长三角形，易脱落。花序常单生于叶腋，少为数个簇生于小枝顶端，具长 2~3 mm 的柄；总苞陀螺状，边缘 5 裂，裂片三角形或半圆形；腺体 4，具极窄的白色附属物。雄花数个，常不伸出总苞外；雌花 1 枚，子房柄较长，常伸出总苞之外；子房脊上被稀疏的白色柔毛；花柱 3，近基部合生；柱头 2 裂。蒴果三棱状，长约 1.5 mm，直径约 1.4 mm；种子卵状四棱形，长约 0.9 mm，直径约 0.5 mm，黄色，每个棱面上有 6~7 个横沟；无种阜。花果期 4~10 月。

国内分布

广东、海南、福建、台湾、江苏、湖北和云南。西沙群岛、南沙群岛有分布。

生境

国外分布

　　原产于美洲热带和亚热带地区，归化于旧大陆的热带和亚热带。

生　境

　　生于路旁、屋旁和荒地灌丛以及草地、草坪中。

危　害

　　危害程度较轻。在珊瑚岛上主要生长于草坪，影响草坪景观。

防　控

　　一般杂草。果熟前及时拔除植株，控制种子脱落后侵入田地、草坪，达到防控目的。

花单生于叶腋

叶面

叶背

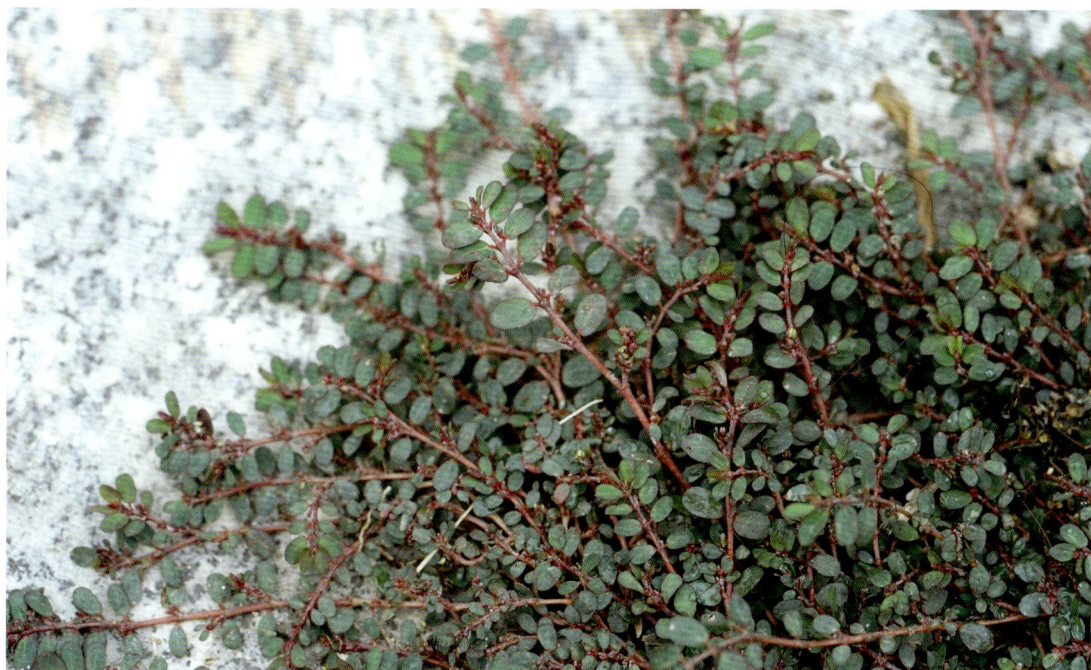

植株

苦味叶下珠 *Phyllanthus amarus* Shumach. & Thonn.

别名：美洲珠子草

大戟科 Euphorbiaceae　叶下珠属 *Phyllanthus*

形态特征

　　一年生直立草本，全株无毛，株高 50~120 cm。全草气微，味苦。主根不发达，须根多数。茎圆柱形，有分枝，灰绿色，直径一般 0.3~0.5 cm，基部木质化。叶片退化呈披针形或三角状鳞片。小枝上的叶 2 列；托叶线形或线状披针形，绿色；叶柄短，长约 0.5 mm；羽状复叶互生，小叶片长椭圆形，长 0.5~1.2 cm，宽 0.3~ 0.5 cm，无叶柄，上表面绿色，下表面灰绿色，托叶小，膜质，尖三角形。花小，单性，雌雄同株或异株，单生或 5 瓣，淡绿色，柱头周围有黄色花粉，腋生于叶下。蒴果无柄，扁球形，表面淡绿色；种子细小，橘瓣状，黄棕色。花果期全年。

国内分布

　　广东、海南、广西等。西沙群岛、南沙群岛有分布。

果

国外分布

原产于美洲热带地区。

生　境

生于村寨边、旷地、田边、溪边草丛中。在珊瑚岛上，生于林缘、空旷地。

危　害

危害程度较轻。

防　控

一般杂草。果熟前及时拔除植株。

植株

花

蓖麻 *Ricinus communis* L.

大戟科 Euphorbiaceae 蓖麻属 *Ricinus*

形态特征

一年生或多年生粗壮草本或草质灌木，高可达 5 m。小枝、叶和花序通常被白霜，茎多液汁。叶轮廓近圆形，长和宽达 40 cm 或更大，掌状 7~11 裂，裂缺几达中部，裂片卵状长圆形或披针形，顶端急尖或渐尖，边缘具锯齿；掌状脉 7~11 条，网脉明显；叶柄粗壮，中空，长可达 40 cm，顶端具 2 枚盘状腺体，基部具盘状腺体；托叶长三角形，长 2~3 cm，早落。总状花序或圆锥花序，长 15~30 cm 或更长；苞片阔三角形，膜质，早落；雄花花萼裂片卵状三角形，长 7~10 mm；雄蕊束众多；雌花萼片卵状披针形，长 5~8 mm，凋落；子房卵状，直径约 5 mm，密生软刺或无刺，花柱红色，长约 4 mm，顶部 2 裂，密生乳头状突起。蒴果卵球形或近球形，长 1.5~2.5 cm，果皮具软刺或平滑；种子椭圆形，微扁平，长 8~18 mm，平滑，斑纹淡褐色或灰白色；种阜大。花期几乎全年或 6~9 月。

国内分布

华南和西南地区。西沙群岛、南沙群岛有分布。

国外分布

原产于非洲东北部的肯尼亚或索马里，现广布于全世界热带地区或栽培于热带至温暖带各国。

生 境

逸为野生，生于村旁疏林或荒地、草地。

危 害

逸生后成为高位杂草，排挤本地植物或危害栽培植物。误食种子会导致中毒。

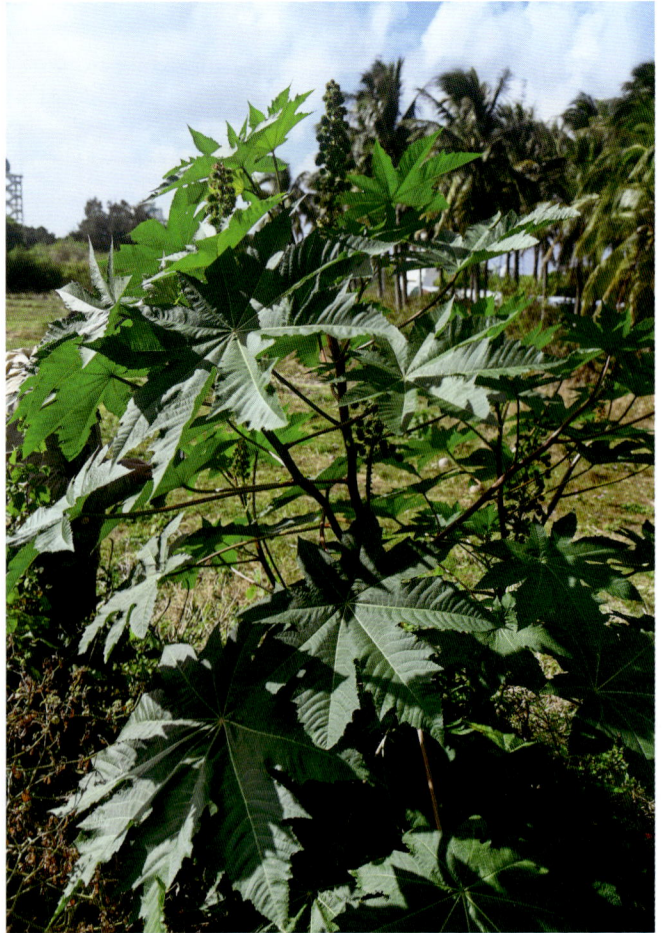

植株

防 控

应控制扩散，生长较多时，在果熟前及时拔除植株。

叶

花

幼果

成熟果

群落

南美山蚂蟥 *Desmodium tortuosum* (Sw.) DC.

豆科 **Fabaceae** 山蚂蟥属 *Desmodium*

形态特征

多年生直立草本，高达 1 m。茎自基部开始分枝，圆柱形，具条纹，被灰黄色小钩状毛或有时混有长柔毛；根茎木质。叶为羽状三出复叶，有 3 小叶；托叶宿存，披针形，具条纹，边缘具长柔毛；叶柄长 1~8 cm，生于茎上部者短，下部者长，被灰黄色小钩状毛或有时混有长柔毛；叶轴长 0.5~2 cm；小叶纸质，椭圆形或卵形，顶生小叶有时为菱状卵形，长 3~10 cm，宽 2~5 cm，先端钝，基部楔形，侧生小叶多为卵形，长 2.5~4 cm，宽 1~3 cm，稍偏斜，两面疏被毛；小托叶刺毛状，边缘具长毛；小叶柄被灰黄色小钩状毛。总状花序顶生或腋生，或基部有少数分枝而成圆锥花序状；总花梗密被小钩状毛和腺毛；苞片狭卵形；花 2 朵生于每节上；花梗丝状，结果时长达 1.5 cm，被小钩状毛和腺毛；花萼 5 深裂，密被毛，裂片披针形，较萼筒长；花冠红色、白色或黄色，旗瓣倒卵形，先端微凹入，基部渐狭，翼瓣长圆形，先端钝，基部具耳和短瓣柄，龙骨瓣斜长圆形，具瓣柄；雄蕊二体；子房线形，被毛。荚果窄长圆形，呈念珠状，荚节近圆形，被灰黄色钩状小柔毛。花果期 7~9 月。

花

国内分布

广东、海南、台湾。南沙群岛有分布。

国外分布

原产于南美洲、中美洲，现广布于亚洲热带地区、大洋洲、美洲。

生　境

疏林、路旁、荒地、杂草丛及海滨绿地和农地。喜生于多土多肥之地。

危　害

生长迅速，种子数量多，可迅速传播。在珊瑚岛上主要在菜地发生。

防　控

人工清除或化学防治。

果

叶

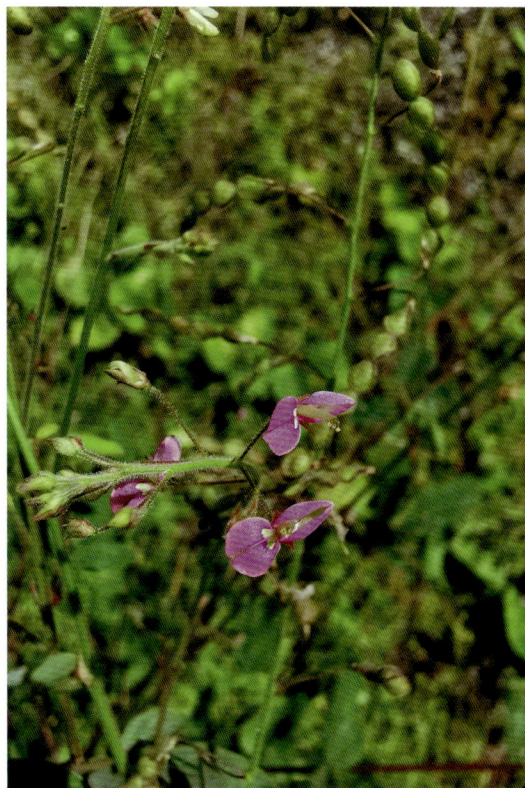

花细节

银合欢 *Leucaena leucocephala* (Lam.) de Wit

豆科 Fabaceae　银合欢属 *Leucaena*

形态特征

灌木或小乔木，高 2~6 m。幼枝被短柔毛，老枝无毛，具褐色皮孔，无刺；托叶三角形，小。羽片 4~8 对，长 5~9 cm，叶轴被柔毛，最下一对羽片着生处有黑色腺体 1 枚；小叶 5~15 对，线状长圆形，长 7~13 mm，宽 1.5~3 mm，先端急尖，基部楔形，边缘被短柔毛，中脉偏向小叶上缘，两侧不等宽。头状花序腋生 1~2 个，直径 2~3 cm；苞片紧贴，被毛，早落；总花梗长 2~4 cm；花白色；花萼长约 3 mm，顶端具细齿 5 个，外面被柔毛；花瓣狭倒披针形，长约 5 mm，被疏柔毛；雄蕊 10 枚，被疏柔毛，长约 7 mm；子房具短柄，上部被柔毛，柱头凹下呈杯状。荚果带状，长 10~18 cm，宽 1.4~2 cm，顶端凸尖，基部有柄，纵裂，被微柔毛；种子 6~25 粒，卵形，长约

幼果荚

植株

7.5 mm，褐色，扁平，光亮。花期 4~7 月，果期 8~10 月。

国内分布

广东、广西、福建、台湾和云南。西沙群岛、南沙群岛有分布。

国外分布

原产于美洲热带地区，现广布于热带、亚热带地区。

生　境

园林绿地、路旁、林缘、荒地或疏林中。

危　害

种子量大、发芽率高、生长快，易侵入稀疏植被群落或新建植被群落。在珊瑚岛上，生长较快，易形成单优群落。

防　控

控制引种，定期清理散落的种子，以人工或机械清除，或替代防控，或化学防除。西沙某些岛屿被入侵严重，应予以清除，南沙应关注种群发展，在扩展面积大时清除。

花

果荚

巴西含羞草 *Mimosa diplotricha* C. Wright

别名：美洲含羞草

豆科 Fabaceae 含羞草属 *Mimosa*

形态特征

直立、亚灌木状草本。茎攀缘或平卧，长达 60 cm 甚至更长，五棱柱状，沿棱上密生钩刺，其余被疏长毛，老时毛脱落。二回羽状复叶，长 10~15 cm；总叶柄及叶轴有钩刺 4~5 列；羽片 7~8 对，长 2~4 cm；小叶 20~30 对，线状长圆形，长 3~5 mm，宽约 1 mm，被白色长柔毛。头状花序直径约 1 cm，1 或 2 个生于叶腋，总花梗长 5~10 mm；花紫红色，花萼极小，4 齿裂；花冠钟状，长 2.5 mm，中部以上 4 瓣裂，外面稍被毛；雄蕊 8 枚，花丝长为花冠的数倍；子房圆柱状，花柱细长。荚果长圆形，长 2~2.5 cm，宽 4~5 mm，边缘及荚节有刺毛。花果期几乎全年。

国内分布

广东、海南、广西、福建、台湾等。西沙群岛、南沙群岛有分布。

茎上有钩刺

国外分布

原产于美洲，现广泛传播并归化于东半球。

生　境

路旁、旷野、荒地、果园、苗圃。

危　害

生态适应性强，生长迅速，群落密实，形成致密的地被，阻止其他物种繁殖，是牧场、人工林和路边的主要杂草，密生的钩刺易伤人。一旦蔓延，易造成重大生态或经济损害。

防　控

危害严重。机械清除，开花前连根拔除。

花

群落

无刺含羞草 *Mimosa diplotricha* var. *inermis* (Adelb.) Alam & Yusof

别名：无刺巴西含羞草、毒死牛草

豆科 Fabaceae　含羞草属 *Mimosa*

形态特征

　　直立、亚灌木状草本。茎攀缘或平卧，长达 60 cm 或更长，五棱柱状，茎上无钩刺，被疏长毛，老时毛脱落。二回羽状复叶，长 10~15 cm；总叶柄及叶轴有钩刺 4~5 列；羽片 (4)7~8 对，长 2~4 cm；小叶 (12)20~30 对，线状长圆形，长 3~5 mm，宽约 1 mm，被白色长柔毛；头状花序直径约 1 cm，1 或 2 个生于叶腋，总花梗长 5~10 mm；花紫红色，花萼极小，4 齿裂；花冠钟状，长 2.5 mm，中部以上 4 瓣裂，外面稍被毛；雄蕊 8 枚，花丝长为花冠的数倍；子房圆柱状，花柱细长。荚果长圆形，长 2~2.5 cm，宽 4~5 mm，荚果边缘及荚节上无刺毛。花果期 6~10 月。

花

群落

国内分布

广东、海南、广西、福建。南沙群岛有分布。

国外分布

原产于巴西。

生　境

荒地、路边、果园，常成片生长。

危　害

在荒地、路边、林窗、林缘、果园内旺盛生长，因植株含有皂素，牲畜误食会中毒死亡。

防　控

危害中等。根除植株；不引种。

花

叶

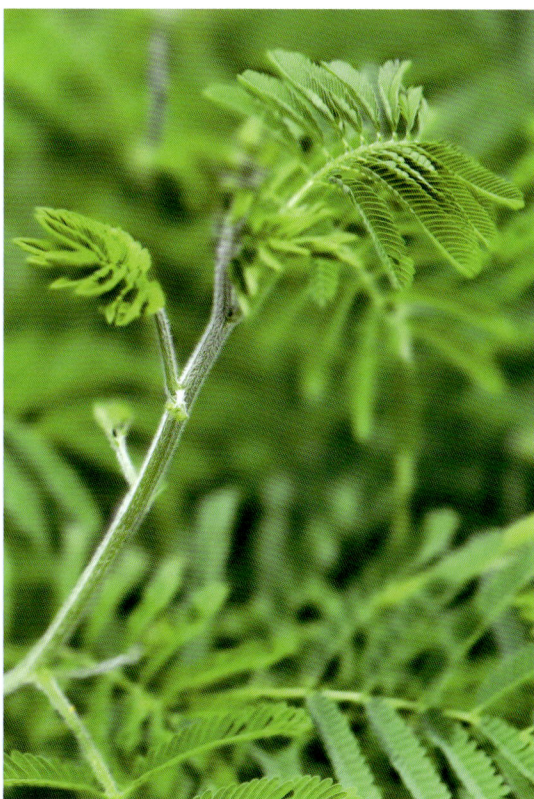

茎

含羞草 *Mimosa pudica* L.

豆科 Fabaceae 含羞草属 *Mimosa*

形态特征

　　亚灌木状草本，株高可达 1 m。茎呈圆柱状，具分枝，有散生、下垂的钩刺及倒生刺毛。托叶披针形，长 0.5~1 cm，被刚毛；羽片和小叶触之即闭合而下垂；羽片通常 2 对，指状排列于总叶柄顶端，长 3~8 cm；小叶 10~20 对，线状长圆形，长 0.8~1.3 cm，先端急尖，边缘具刚毛。头状花序圆球形，径约 1 cm，具长花序梗，单生或 2~3 个生于叶腋；花小，淡红色，多数；苞片线形；花萼极小；花冠钟状，裂片 4，外面被短柔毛；雄蕊 4，伸出花冠；子房有短柄，无毛，胚珠 3~4，花柱丝状，柱头小。荚果长圆形，长 1~2 cm，扁平，被刺毛；种子卵圆形。花期 3~10 月，果期 5~11 月。

国内分布

　　广东、海南、广西、福建、台湾、云南等。西沙群岛、南沙群岛有分布。

果荚

国外分布

原产于美洲热带地区，现广布于世界热带地区。

生 境

生于旷野荒地、灌木丛中以及草坪、草地。

危 害

旱地、果园杂草，牛误食会中毒。在珊瑚岛上有时成片生长，形成单优群落。

防 控

控制引种，及时清除已发生地的植株。

花

群落

盖裂果 *Mitracarpus hirtus* (L.) Candolle

茜草科 Rubiaceae 盖裂果属 *Mitracarpus*

形态特征

直立、分枝、被毛草本，高 40~80 cm。茎下部近圆柱形，上部微具棱，被疏粗毛。叶无柄，长圆形或披针形，长 3~4.5 cm，宽 0.7~1.5 cm，顶端短尖，基部渐狭，上面粗糙或被极疏短毛，下面被毛稍密和略长，边缘粗糙；叶脉纤细而不明显；托叶鞘形，顶端刚毛状，裂片长短不齐。花细小，簇生于叶腋内，有线形与萼近等长的小苞片；萼管近球形，萼檐裂片长的长 1.8~2 mm，短的长 0.8~1.2 mm，具缘毛；花冠漏斗形，长 2~2.2 mm，管内和喉部均无毛，裂片三角形，长为冠管长的 1/3，顶端钝尖；子房 2 室，花柱异形，不明显。果近球形，直径约 1 mm，表皮粗糙或被疏短毛；种子深褐色，近长圆形。花期 4~6 月。

国内分布

广东、海南、广西、福建、江西、云南等。南沙群岛有分布。

国外分布

原产于南美洲、东非和西非热带地区。

群落

生　境

生于荒地以及草坪、草地。

危　害

在华南沿海、海岛为路边杂草，可危害旱作农田、草坪。在珊瑚岛上主要生长于草坪中。危害中等。

防　控

人工清除为主，或选用选择性除草剂进行防除。

花

墨苜蓿 *Richardia scabra* L.

茜草科 Rubiaceae 墨苜蓿属 *Richardia*

形态特征

一年生匍匐或近直立草本，长可至 80 cm 或更长。主根近白色。茎近圆柱形，被硬毛，节上无不定根，疏分枝。叶厚纸质，卵形、椭圆形或披针形，长 1~5 cm，顶端通常短尖，钝头，基部渐狭，两面粗糙，边上有缘毛；叶柄长 5~10 mm；托叶鞘状，顶部截平，边缘有数条长 2~5 mm 的刚毛。头状花序有花多朵，顶生，几无总梗，总梗顶端有 1 或 2 对叶状总苞，分为 2 对时，则里面 1 对较小，总苞片阔卵形；花 6 或 5 数；萼长 2.5~3.5 mm，萼管顶部缢缩，萼裂片披针形或狭披针形，长约为萼管的 2 倍，被缘毛；花冠白色，漏斗状或高脚碟状，管长 2~8 mm，里面基部有一环白色长毛，裂片 6，盛开时星状展开，偶有薰衣草的气味；雄蕊 6，伸出或不伸出；子房通常有 3 心皮，柱头头状，3 裂。分果瓣 3 (6)，长 2~3.5 mm，长圆形至倒卵形，背部密覆小乳凸和糙伏毛，腹面有一条狭沟槽，基部微凹。花期春夏季。

群落

国内分布

广东、海南、香港。西沙群岛、南沙群岛有分布。

国外分布

原产于美洲热带地区。

生　境

耕地和旷野杂草。

危　害

华南地区海边沙地大量生长，有可能成为恶性杂草。岛上偶见，危害轻。

防　控

结实前人工拔除；加强管理，防止传播。

花

果

阔叶丰花草 *Spermacoce alata* Aublet

别名：四方骨草

茜草科 Rubiaceae　丰花草属 *Spermacoce*

形态特征

披散、粗壮草本，被毛。茎和枝均为明显的四棱柱形，棱上具狭翅。叶椭圆形或卵状长圆形，长度变化大，长 2~7.5 cm，宽 1~4 cm，顶端锐尖或钝，基部阔楔形而下延，边缘波浪形，鲜时黄绿色，叶面平滑；侧脉每边 5~6 条，略明显；叶柄长 4~10 mm，扁平；托叶膜质，被粗毛，顶部有数条长于鞘的刺毛。花数朵丛生于托叶鞘内，无梗；小苞片略长于花萼；萼管圆筒形，长约 1 mm，被粗毛，萼檐 4 裂，裂片长 2 mm；花冠漏斗形，浅紫色，罕有白色，长 3~6 mm，里面被疏散柔毛，基部具 1 毛环，顶部 4 裂，裂片外面被毛或无毛；花柱长 5~7 mm，柱头 2，裂片线形。蒴果椭圆形，长约 3 mm，直径约 2 mm，被毛，成熟时从顶部纵裂至基部，隔膜不脱落或 1 个分果爿的隔膜脱落；种子近椭圆形，两端钝，长约 2 mm，直径约 1 mm，干后浅褐色或黑褐色，无光泽，有小颗粒。花果期 5~7 月。

国内分布

广东、海南等。南沙群岛有分布。

群落

国外分布

原产于南美洲。

生　境

多见于废墟和荒地上，或侵入果园、菜地、橡胶林。

成熟茎

危　害

在华南地区为严重的入侵植物，在肥沃的地方生长特别繁茂，群落内很少有其他杂草生存。危害严重，为恶性杂草，具有强大的繁殖能力，对作物尤其是作物的幼苗造成很大的危害；还具有化感作用，分泌有毒物质，抑制其他种类植物生长。在珊瑚岛上偶见。

防　控

人工铲除，在营养生长期时控制其传播和扩散，在发生初期或开花结果前结合中耕管理将其铲除或拔除。还可采用化学除草剂杀灭，二甲四氯、草甘膦或四氟丙酸钠等除草剂效果较好。

嫩茎

花

光叶丰花草 *Spermacoce remota* Lam.

别名：紫叶丰花草

茜草科 Rubiaceae 丰花草属 *Spermacoce*

形态特征

多年生草本或亚灌木。茎斜升至直立，高 30~65 cm，近圆柱形至近四棱柱形，有沟槽和棱脊，无毛或棱脊上具微毛。叶无柄至有短柄；托叶鞘状，鞘长 1~3 mm，外面被微柔毛，后毛脱落，先端具 5~7 条长 0.5~2 mm 的刚毛；叶柄长达 3 mm，无毛；叶片干时纸质，狭椭圆形至披针形，长 1~4.5 cm，宽 0.4~1.6 cm，基部急尖至楔形，先端急尖。花多朵密集成球状，直径 0.5~1.2 cm，簇生于叶腋和叶柄间的托叶鞘内；苞片小、多数、丝状；萼檐裂片 4，狭三角形至条形；花冠白色，漏斗形，花冠筒长 0.5~1.5 mm，喉部被柔毛，裂片 4，三角形，长 1~1.5 mm。蒴果椭圆体形，长 1.8~2 mm，直径 1~1.2 mm，外面被微柔毛；种子椭圆形，两端钝，褐黄色。花果期 6~12 月。

国内分布

广东、海南、台湾、重庆、云南。西沙群岛、南沙群岛有分布。

叶

托叶

国外分布

原产于美洲热带地区。印度、斯里兰卡、泰国、越南、新加坡、印度尼西亚、澳大利亚、毛里求斯、墨西哥及太平洋岛屿、南美洲北部、中美洲、安的列斯群岛。

生　境

生于草地、果园、荒地。

危　害

入侵植物。对环境适应能力强，种子可随水流扩散传播；植株分枝能力强，茎节处生不定根，迅速扩大分布区；是线虫的中间宿主。在珊瑚岛上见于草地或路旁。危害中等。

防　控

人工拔除，加强管理，以防扩散。

花

植株

花集生成球状

藿香蓟 *Ageratum conyzoides* L.

别名：臭草、胜红蓟

菊科 Asteraceae 藿香蓟属 *Ageratum*

形态特征

一年生草本，株高 50~100 cm。无明显主根。茎粗壮，不分枝或自基部或自中部以上分枝，或下基部平卧而节常生不定根。全部茎枝淡红色，或上部绿色，被白色短柔毛或上部被稠密开展的长茸毛。叶对生，有时上部互生，叶基部钝或宽楔形，顶端急尖，边缘圆锯齿，有长 1~3 cm 的叶柄，两面被白色稀疏的短柔毛且有黄色腺点，上面沿脉处及叶下面的毛稍多有时下面近无毛，上部叶的叶柄或腋生幼枝及腋生枝上的小叶的叶柄通常被白色稠密开展的长柔毛，长 3~8 cm，宽 2~5 cm。头状花序 4~18 个在茎顶排成通常紧密的伞房状花序；花序径 1.5~3 cm；花梗长 0.5~1.5 cm，被短柔毛；总苞钟状或半球形，宽 5 mm；总苞片 2 层，长圆形或披针状长圆形，长 3~4 mm，外面无毛，边缘撕裂；花冠长 1.5~2.5 mm，外面无毛或顶端有微柔毛，檐部 5 裂，淡紫色。瘦果黑褐色，5 棱，长 1.2~1.7 mm，有白色稀疏细柔毛。花果期全年。

国内分布

广东、海南、广西、江西、福建、贵州、四川、云南等。南沙群岛有分布。

国外分布

原产于中南美洲。作为杂草已广泛分布于非洲全境及印度、印度尼西亚、老挝、柬埔寨、越南等。

生　境

山谷、山坡林下或林缘、河边或山坡草地、田边或荒地。在珊瑚岛上见于草地。

危　害

为旱地主要杂草。生长迅速，繁殖能力强，与作物争水、争肥、争光，严重影响作物生长。另外，会通过化感作用抑制其他植物的种子萌发和幼苗生长。常形成单优群落，排挤本地植物，影响生物多样性。

花

防　控

在开花结果前人工拔除。严重危害时，可采用化学防除，使用苯磺隆、草铵膦等。

头状花序

苞片

叶

鬼针草 *Bidens pilosa* L.

别名：金盏银盘、三叶鬼针草、白花鬼针草

菊科 Asteraceae 鬼针草属 *Bidens*

形态特征

一年生草本。茎直立，高 30~100 cm，钝四棱形，无毛或上部被极稀疏的柔毛，基部直径可达 6 mm。茎下部叶较小，3 裂或不分裂，通常在开花前枯萎；中部叶具长 1.5~5 cm 无翅的柄，三出，小叶 3 枚，两侧小叶椭圆形或卵状椭圆形，长 2~4.5 cm，宽 1.5~2.5 cm，先端锐尖，基部近圆形或阔楔形，有时偏斜，不对称，具短柄，边缘有锯齿，顶生小叶较大，长椭圆形或卵状长圆形，长 3.5~7 cm，先端渐尖，基部渐狭或近圆形，具长 1~2 cm 的柄，边缘有锯齿，无毛或被极稀疏的短柔毛；上部叶小，3 裂或不分裂，条状披针形。头状花序直径 8~9 mm，有长 1~6（果时长 3~10）cm 的花序梗；总苞基部被短柔毛，苞片 7~8 枚，条状匙形，上部稍宽，开花时长 3~4 mm，果时长 5 mm，草质，边缘疏被短柔毛或几无毛；外层托片披针形，果时长 5~6 mm，干膜质，背面褐色，具黄色边缘，内层较狭，条状披针形；无舌状花，盘花筒状，长约 4.5 mm，冠檐 5 齿裂。瘦果黑色，条形，略扁，具棱，长 7~13 mm，宽约 1 mm，上部具稀疏瘤状突起及刚毛，顶端芒刺 3~4 枚，长 1.5~2.5 mm，具倒刺毛。花果期 7~12 月。

国内分布

华东、华中、华南、西南地区。西沙群岛、南沙群岛有分布。

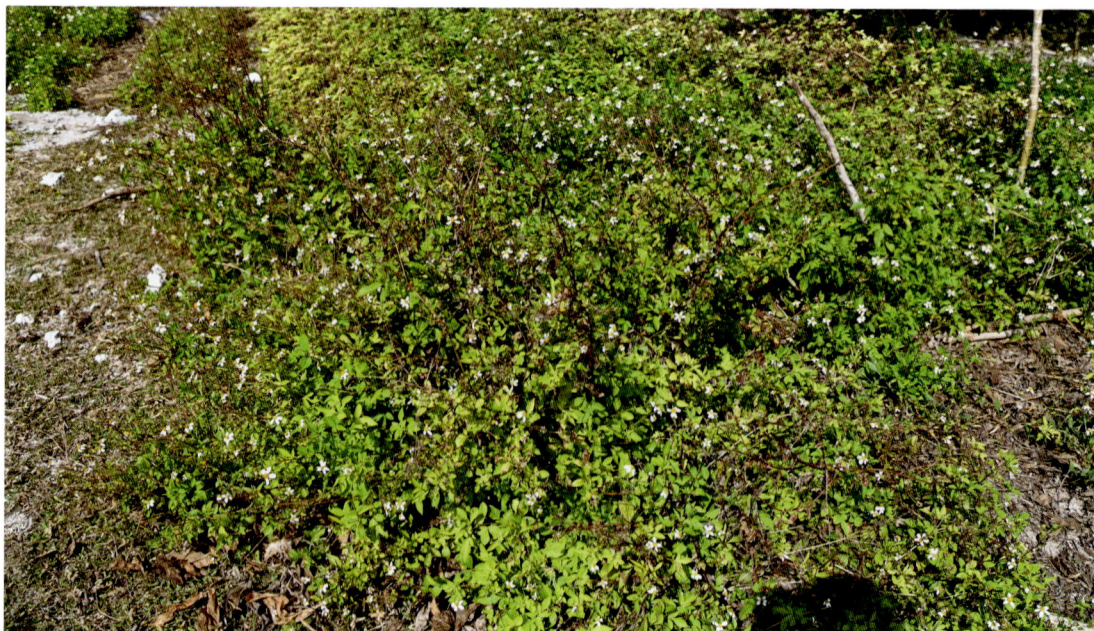

群落

国外分布

亚洲和美洲的热带和亚热带地区。

生　境

生于村旁、路边及荒地。

危　害

繁殖能力强，传播速度快，入侵荒地、农地、草坪，造成土壤肥力下降。在珊瑚岛上主要见于路旁、草地、荒地。危害严重。

防　控

盛花期人工拔除或机械铲除，大面积发生时，可选用草甘膦等灭生性除草剂防除或筛选竞争力强的本土植物替代控制其危害。在热带珊瑚岛上可选择砂滨草（蒭雷草）、海滨雀稗、过江藤等覆盖沙地以阻止其生长。

花

植株

果

叶

飞机草 *Chromolaena odorata* (L.) R. M. King & H. Rob.

别名：香泽兰

菊科 Asteraceae 飞机草属 *Chromolaena*

形态特征

多年生草本。根茎粗壮，横走。茎直立，高 1~3 m，苍白色，有细条纹；分枝粗壮，常对生，水平射出，与主茎成直角；全部茎枝被稠密黄色茸毛或短柔毛。叶对生，卵形、三角形或卵状三角形，长 4~10 cm，宽 1.5~5 cm，质地稍厚，有叶柄，柄长 1~2 cm，上面绿色，下面色淡，两面粗涩，被长柔毛及红棕色腺点，下面及沿脉的毛和腺点稠密，基部平截或浅心形或宽楔形，顶端急尖，基出三脉，侧面纤细，在叶下面稍突起，边缘有稀疏的粗大而不规则的圆锯齿或全缘或仅一侧有锯齿或每侧各有一个粗大的圆齿或三浅裂状，花序下部的叶小，常全缘。头状花序多数或少数在茎顶或枝端排成伞房状或复伞房状花序，花序径常 3~6 cm；花序梗粗壮，密被稠密的短柔毛；总苞圆柱形，长 1 cm，宽 4~5 mm，约含 20 个小花；总苞片 3~4 层，覆瓦状排列，外层苞片卵形，长 2 mm，外面被短柔毛，顶端钝，向内渐长，中层及内层苞片长圆形，长 7~8 mm，顶端渐尖；全部苞片有 3 条宽中脉，麦秆黄色，无腺点；花白色或粉红色，花冠长 5 mm。瘦果黑褐色，长 4 mm，5 棱，无腺点，沿棱有稀疏的白色贴紧的顺向短柔毛。花果期 4~12 月。

国内分布

广东、海南、广西、云南。西沙群岛、南沙群岛均有分布。

国外分布

原产于美洲，泰国等东南亚国家有分布。

生境

生于低海拔的丘陵地、灌丛及稀树草原，但多见于干燥地、森林破坏迹地、垦荒地、路旁、住宅及田间。在热带珊瑚岛上见于林内、林缘、灌木丛、草地、路旁等处。在空旷地常见成片生长。

生境

危　害

全球性入侵物种。借助种子和横走根茎进行繁殖，繁殖力极强，扩散态势猖獗。是田间非常棘手的杂草，往往能形成成片的飞机草群落。具有化感作用，严重威胁本地植物的生长、生物多样性和生态安全。叶有毒，误食引起头晕、呕吐。

防　控

在开花结果前人工拔除。严重危害时，可采用化学防除，使用草甘膦、草铵膦等。

叶

果

植株

群落

小蓬草 *Erigeron canadensis* L.

别名：小飞蓬、飞蓬、加拿大蓬、小白酒草、蒿子草

菊科 Asteraceae　飞蓬属 *Erigeron*

形态特征

一年生草本。根纺锤状，具纤维状根。茎直立，高 50~100 cm 或更高，圆柱状，多少具棱，有条纹，被疏长硬毛，上部多分枝。叶密集，基部叶花期常枯萎，下部叶倒披针形，长 6~10 cm，宽 1~1.5 cm，顶端尖或渐尖，基部渐狭成柄，边缘具疏锯齿或全缘，中部和上部叶较小，线状披针形或线形，近无柄或无柄，全缘或少有具 1~2 个齿，两面或仅上面被疏短毛边缘常被上弯的硬缘毛。头状花序多数，小，径 3~4 mm，排列成顶生多分枝的大圆锥花序；花序梗细，长 5~10 mm，总苞近圆柱状，长 2.5~4 mm；总苞片 2~3 层，淡绿色，线状披针形或线形，顶端渐尖，外层约短于内层之半背面被疏毛，内层长 3~3.5 mm，宽约 0.3 mm，边缘干膜质，无毛；花托平，径 2~2.5 mm，具不明显的突起；雌花多数，舌状，白色，长 2.5~3.5 mm，舌片小，稍超出花盘，线形，顶端具 2 个钝小齿；两性花淡黄色，花冠管状，长 2.5~3 mm，上端具 4 或 5 个齿裂，管部上部被疏微毛。瘦果线状披针形，长 1.2~1.5 mm，稍扁压。花期 5~9 月。

国内分布

南北各地。南沙群岛有分布。

国外分布

原产于北美洲，现各地广泛分布。

生　境

旷野、荒地、田边和路旁。在珊瑚岛上见于荒地、草地。

危　害

因产生大量瘦果，蔓延极快，为常见的杂草；通过分泌化感物质影响其他植物生长。

防　控

在开花结果前人工拔除，防止种子散落。严重危害时，可采用化学防除，使用草甘膦、草铵膦等。

花

植株

花序

微甘菊 *Mikania micrantha* H. B. K.

别名：薇甘菊

菊科 Asteraceae 假泽兰属 *Mikania*

形态特征

多年生草质或木质藤本。茎细长，匍匐或攀缘，多分枝，被短柔毛或近无毛，幼时绿色，近圆柱形，老茎淡褐色。叶对生，有腺点，叶柄长 1~6 cm；叶三角状卵形至卵形，长 4~13 cm，宽 2~9 cm，基部心形，先端渐尖，边缘具数个粗齿或浅波状圆锯齿。头状花序多数，在枝端常排成复伞房花序状，花序渐纤细，顶部的头状花序花先开放，依次向下逐渐开放，头状花序长 4.5~6 mm，含小花 4 朵，全为结实的两性花，总苞片 4 枚，狭长椭圆形，顶端渐尖，部分急尖，绿色，长 2~4.5 mm，花有香气；花冠白色，脊状，长 3~4 mm，檐部钟状，5 齿裂。瘦果长 1.5~2 mm，黑色，被毛，具 5 棱，被腺体，冠毛白色，由 32~38 条刺毛组成。花果期 8~12 月。

国内分布

广东、海南、广西、香港、澳门。南沙群岛偶见。

国外分布

原产于南美洲和中美洲，现已广泛传播到亚洲热带地区。

植株

生 境

林缘、疏林、洼地、路旁、荒地以及疏于管理的果园、圃地。在珊瑚岛上见于林缘。

危 害

具有丰富的种子，生长迅速，茎节上生根并繁殖，快速覆盖生境，通过竞争或他感作用抑制自然植被和作物的生长。在其适生地攀缘缠绕于乔灌木植物，重压于其冠层顶部，阻碍附主植物的光合作用继而导致附主死亡，是世界上最具危险性的有害植物之一。

防 控

化学防除，可利用草甘膦、氯氟吡氧乙酸等除草剂；利用菟丝子进行生物防治；采用人工铲除等方法。在热带珊瑚岛上由于旱季时间长，限制了薇甘菊的扩散分布。

花

花序

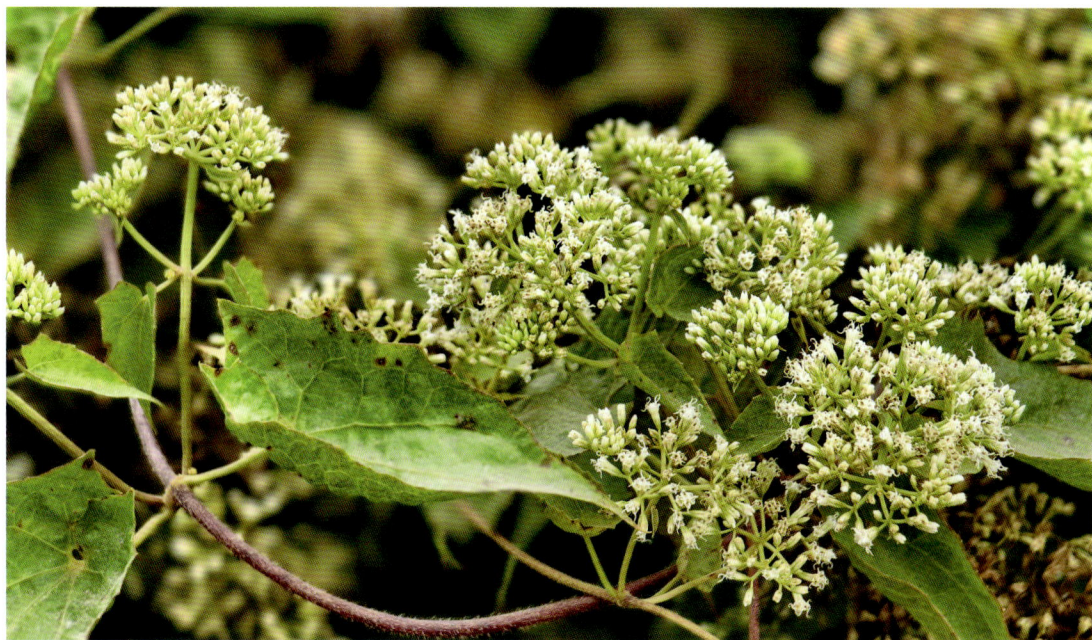

藤茎

翼茎阔苞菊 *Pluchea sagittalis* (Lamarck) Cabrera

菊科 Asteraceae 阔苞菊属 *Pluchea*

形态特征

多年生直立草本，高 1~1.5m。全株具浓厚的芳香气味。茎多分枝，枝条密被茸毛，叶基部向茎延伸形成明显的翼。叶互生，披针形或阔披针形，中部叶片长 6~12 cm，宽 2.5~4 cm，两面疏被腺毛，顶端尖，边缘具锯齿，基部渐狭，无柄。头状花序盘状，具异型小花，直径 7~10 mm，长 4.5 mm，花梗长 5.5 mm；头状花序在茎枝顶端排列为复伞房花序，在叶腋排列为伞房花序；总苞半球形，苞片棕绿色，4~5 层；外层雌花多数，花冠白色，先端紫色，长约 3 mm，顶端 3 浅裂，冠毛白色，略长于花冠。瘦果棕色，圆柱形，具 5 肋。花果期 3~10 月。

国内分布

广东、海南、广西、福建、台湾、湖南、四川等。南沙群岛有分布。

国外分布

原产于美洲，现广泛分布于亚洲的热带地区。

花

生 境

海滨沙地或近潮水的空旷地、池塘边、河岸、废弃稻田、湿地、海岸洼地或积水处。

危 害

瘦果量大，具冠毛，可随风传播，具较强的潜在扩散能力。成为草地、果园、荒地等的杂草。在珊瑚岛上零星分布。

防 控

严密监测其扩散种群动态，发现种群扩大应及时清除，或采用化学除草剂防除。

植株

假臭草 *Praxelis clematidea* R. M. King & H. Rob.

菊科 Asteraceae　假臭草属 *Praxelis*

形态特征

　　一年生草本植物，高 0.3~1.5 m。茎直立，亮绿色，多分枝，全株被柔毛。叶对生，叶片卵圆形至菱形，长 2.5~6.0 cm，宽 1~4 cm，具腺点，先端急尖，基部圆楔形，具三脉，边缘具锯齿，每边 5~8 齿，急尖；叶柄长 0.3~2.0 cm。头状花序生于茎、枝端，总苞钟形，长 7~10 mm，宽 4~5 mm，总苞片 4~5 层，小花 25~30 朵，藏蓝色或淡紫色；花冠长 3.5~4.8 mm。瘦果黑色，条状，长 2~3 mm，具 3~5 棱，无毛或具稀疏柔毛。种子长 2~3 mm，宽约 0.6 mm，顶端具 1 圈白色冠毛，冠毛长 3.5~4.5 mm。花期几乎全年。

国内分布

　　广东、广西、海南、福建、台湾、香港、浙江。西沙群岛、南沙群岛有分布。

国外分布

　　原产于南美洲，现亚洲东部及澳大利亚北部归化。

花序

生　境

荒地、路旁、山坡、滩涂、果园、林地、草地。在珊瑚岛上见于草地、荒地、林下和林缘。

危　害

给农业、林业造成极大危害，排斥其他草本植物，形成单优群落，降低生物多样性。吸收肥力能力强，极大地消耗土壤养分，影响其他植物生长。具有化感作用。

防　控

人工清除植株，切断种子源。可使用草甘膦等除草剂进行化学防除。

果

植株

南美蟛蜞菊 *Sphagneticola trilobata* (L.) Pruski

别名：三裂叶蟛蜞菊

菊科 Asteraceae　蟛蜞菊属 *Sphagneticola*

形态特征

多年生草本。茎匍匐，上部茎近直立，节间长 5~14 cm，光滑无毛或微被柔毛，茎长可达 180 cm。叶对生、具齿，椭圆形、长圆形或线形，长 4~9 cm，宽 2~5 cm，呈三浅裂，叶面富光泽，两面被贴生的短粗毛，几近无柄。头状花序单生在细长的花梗上，辐射状，总苞绿色，总苞片披针形，长 10~15 mm，具缘毛，舌状花 4~8 枚，艳黄色，长 15~20 mm，先端具 3~4 细齿；管状小花多数，黄色，长约 2cm，花冠长 5~6 mm。瘦果黑色，棍棒状，具角，长约 5 mm；冠毛不等长，呈冠状。花期几乎全年，几乎不结实。

国内分布

广东、广西、海南、香港、澳门、福建、台湾、四川、云南、浙江，在部分地区已逸生。西沙群岛、南沙群岛有分布。

群落

国外分布

原产于美洲热带地区。

生　境

生于路边、草地、湿地、林下、海岸沙地等。

危　害

侵占草坪和湿地，排挤本土植物。有一定的入侵性。

防　控

控制引种；大面积防除可用草甘膦、氯氟吡氧乙酸、甲磺隆等除草剂，效果较好。需监测其扩散情况。

花

生境

羽芒菊 *Tridax procumbens* L.

菊科 Asteraceae 羽芒菊属 *Tridax*

形态特征

多年生铺地草本。茎纤细，平卧，节处常生多数不定根，长 30~100 cm，基部径约 3 mm，略呈四方形，分枝，被倒向糙毛或脱毛。基部叶略小，花期凋萎；中部叶有长达 1 cm 的柄，叶片披针形或卵状披针形，长 4~8 cm，宽 2~3 cm，基部渐狭或几近楔形，顶端披针状渐尖，边缘有不规则的粗齿和细齿，近基部常浅裂，裂片 1~2 对或有时仅存于叶缘之一侧，两面基部被疣状的糙伏毛；上部叶小，卵状披针形至狭披针形，具短柄，长 2~3 cm，宽 6~15 mm，基部近楔形，顶端短尖至渐尖，边缘有粗齿或基部近浅裂。头状花序少数，径 1~1.4 cm，单生于茎、枝顶端；花序梗长 10~20 cm，被白色疏毛，花序下方的毛稠密；总苞钟形，长 7~9 mm；总苞片 2~3 层，外层绿色，卵形或卵状长圆形，顶端短尖或凸尖，背面被密毛，内层长圆形，无毛，顶端凸尖，最内层线形，光亮，鳞片状；花托稍突起，托片长约 8 mm，顶端芒尖或近于凸尖。雌花 1 层，舌状，舌片长圆形，顶端 2~3 浅裂，被毛；两性花多数，花冠管状，长约 7 mm，被短柔毛，上部稍大，檐部 5 浅裂，裂片长圆状或卵状渐尖。瘦果陀螺形、倒圆锥形，密被疏毛；冠毛上部污白色，下部黄褐色，长 5~7 mm，羽毛状。花果期 11 月至翌年 3 月。

花、果

国内分布

广东、海南、广西、福建、台湾、江西、四川等。西沙群岛、南沙群岛有分布。

国外分布

原产于印度、印度尼西亚及中南半岛和美洲热带地区。

生　境

旷野、荒地、坡地、路旁阳处、海岸沙地。在珊瑚岛上见于草地、空旷地、林缘。

果

危　害

杂草。危害农作物、草坪，降低生物多样性。在珊瑚岛上的草坪、空旷地占据大量生态位，促使草坪草退化。

防　控

加强检疫，人工铲除；或使用氯氟吡氧乙酸、二甲四氯、啶嘧磺隆等进行化学防除。

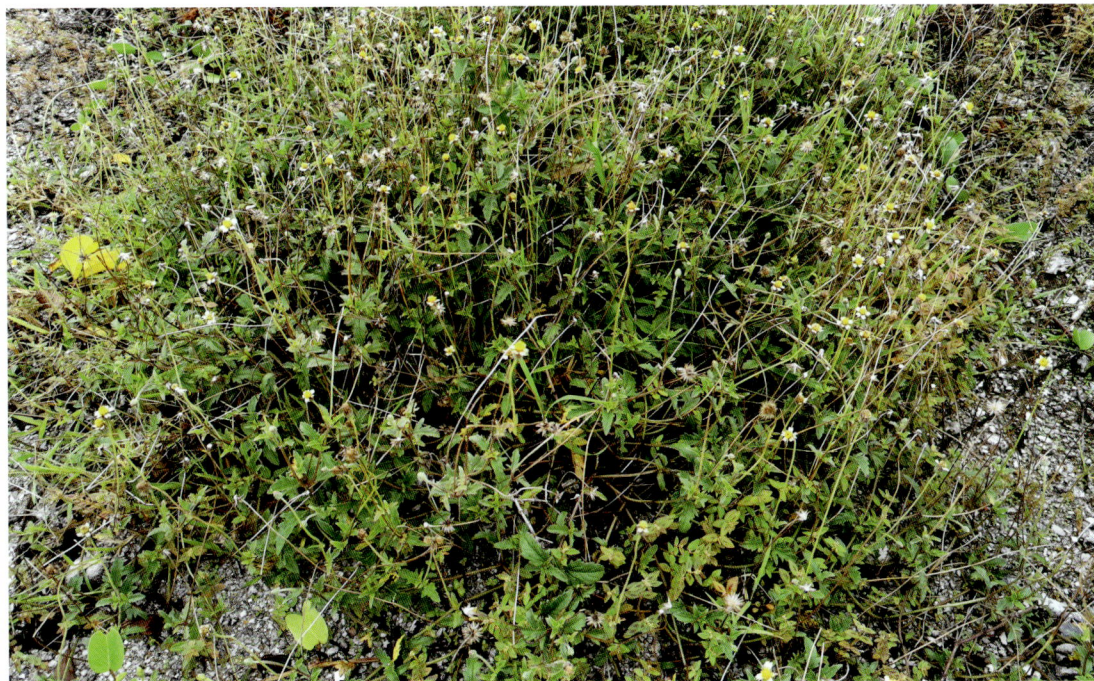

群落

孪花蟛蜞菊 *Wollastonia biflora* (L.) Candolle

别名：孪花菊、双花蟛蜞菊

菊科 Asteraceae 孪花菊属 *Wollastonia*

形态特征

多年生攀缘草本。茎无毛或被疏贴生糙毛。下部叶卵形或卵状披针形，长 7~23 cm，边缘有锯齿，两面被贴生糙毛，叶柄长 2~4 cm；上部叶卵状披针形或披针形，连叶柄长 5~7 cm。头状花序少数，径达 2 cm，生叶腋和枝顶，有时孪生，花序梗长 2~4（6）cm，被贴生粗毛；总苞半球形或近卵状，径 0.8~1.2 cm，总苞片 2 层，长约 5 mm，背面被贴生糙毛，外层卵形或卵状长圆形，内层卵状披针形；托片先端钝或短尖，全缘，被糙毛；舌状花 1 层，黄色，舌片倒卵状长圆形，长约 8 mm，先端 2 齿裂，被疏柔毛；管状花花冠黄色，檐部 5 裂，被疏毛。瘦果倒卵圆形，长约 4 mm，3~4 棱，顶端平截，密被毛；无冠毛及冠毛环。花期几乎全年。

国内分布

广东、海南、广西、台湾、云南等。西沙群岛、南沙群岛有分布。

国外分布

印度、印度尼西亚、马来西亚、菲律宾及中南半岛和大洋洲。

生 境

草地、林下或灌丛中、滨海干燥沙地上。

叶

群落

危 害

在西沙群岛，孪花蟛蜞菊向自然植被中快速扩张，并能攀附在乔木林冠上生长，表现出一定的入侵态势，危害原生优势物种如抗风桐（*Pisonia grandis*）、海岸桐（*Guettarda speciosa*）、草海桐（*Scaevola taccada*）的生长，导致原生植被的生物多样性减少和功能退化。其快速扩张已威胁到岛屿生态系统的安全。在南沙群岛的部分岛屿有扩展趋势，应给予关注，监测其发展动态。

防 控

化学防除，可利用草甘膦、氯氟吡氧乙酸等除草剂控制；或采用人工铲除等。

花

危害状

白花曼陀罗 *Datura metel* L.

别名：洋金花、喇叭花、白曼陀罗
茄科 Solanaceae 曼陀罗属 *Datura*

形态特征

一年生直立草木而呈半灌木状，高 0.5~1.5 m，全体近无毛。茎基部稍木质化。叶卵形或广卵形，顶端渐尖，基部不对称圆形、截形或楔形，长 5~20 cm，宽 4~15 cm，边缘有不规则的短齿或浅裂或者全缘而波状，侧脉每边 4~6 条；叶柄长 2~5 cm。花单生于枝杈间或叶腋，花梗长约 1 cm。花萼筒状，长 4~9 cm，直径 2 cm，裂片狭三角形或披针形，果时宿存部分增大成浅盘状；花冠长漏斗状，长 14~20 cm，檐部直径 6~10 cm，筒中部之下较细，向上扩大呈喇叭状，裂片顶端有小尖头，白色、黄色或浅紫色，单瓣，在栽培类型中有 2重瓣或 3 重瓣；雄蕊 5，在重瓣类型中常变态成 15 枚左右，花药长约 1.2 cm；子房疏生短刺毛，花柱长 11~16 cm。蒴果近球状或扁球状，疏生粗短刺，直径约 3 cm，不规则 4 瓣裂；种子淡褐色，宽约 3 mm。花果期 3~12 月。

植株

国内分布

台湾、福建、广东、广西、云南、贵州等。西沙群岛、南沙群岛有分布。

国外分布

热带及亚热带地区，温带地区普遍栽培。

生 境

生于向阳的山坡草地或住宅旁。全株有毒，以种子毒性最大。

危 害

杂草。易形成优势群落，排挤本地植物，影响生物多样性。危害程度轻。西沙群岛常见，南沙群岛偶见。

防 控

结果前人工拔除，控制引种。

花

果

苦蘵 *Physalis angulata* L.

别名：灯笼泡、灯笼草

茄科 Solanaceae 洋酸浆属 *Physalis*

形态特征

一年生草本，被疏短柔毛或近无毛，高常 30~50 cm。茎多分枝，分枝纤细。叶柄长 1~5 cm，叶片卵形至卵状椭圆形，顶端渐尖或急尖，基部阔楔形或楔形，全缘或有不等大的锯齿，两面近无毛，长 3~6 cm，宽 2~4 cm。花梗长 5~12 mm，纤细，和花萼一样生短柔毛，长 4~5 mm，5 中裂，裂片披针形，生缘毛；花冠淡黄色，喉部常有紫色斑纹，长 4~6 mm，直径 6~8 mm；花药蓝紫色或有时黄色，长约 1.5 mm。果萼卵球状，直径 1.5~2.5 cm，薄纸质，浆果直径约 1.2 cm；种子圆盘状，长约 2 mm。花果期 5~12 月。

国内分布

华东、华中、华南及西南地区。西沙群岛、南沙群岛有分布。

花

国外分布

日本、印度、澳大利亚和美洲。

生　境

生于山谷林下及村边路旁。

危　害

为旱地、宅旁的杂草之一。在农地发生量大。在西沙群岛、南沙群岛林缘、空地常见。危害较轻。

防　控

人工拔除；化学防除，可选用莠去津、烟嘧磺隆、乙氧氟草醚等。

果

植株

少花龙葵 *Solanum americanum* Mill.

别名：光果龙葵、衣扣草、古钮子、打卜子、扣子草、古钮菜、白花菜、痣草

茄科 Solanaceae　茄属 *Solanum*

形态特征

多年生草本。茎无毛或近于无毛，高约 1 m。叶薄，卵形至卵状长圆形，长 4~8 cm，宽 2~4 cm，先端渐尖，基部楔形下延至叶柄而成翅，叶缘近全缘，波状或有不规则的粗齿，两面均具疏柔毛，有时下面近于无毛；叶柄纤细，长 1~2 cm，具疏柔毛。花序近伞形，腋外生，纤细，具微柔毛，着生 1~6 朵花，总花梗长 1~2 cm，花梗长 5~8 mm，花小，直径约 7 mm；萼绿色，直径约 2 mm，5 裂达中部，裂片卵形，先端钝，长 1 mm，具缘毛；花冠白色，筒部隐于萼内，长不及 1 mm，冠檐长约 3.5 mm，5 裂，裂片卵状披针形，长约 2.5 mm；花丝极短，花药黄色，长圆形，长 1.5 mm，为花丝长度的 3~4 倍，顶孔向内；子房近圆形，直径不及 1 mm，花柱纤细，长约 2 mm，中部以下具白色茸毛，柱头小，头状。浆果球状，直径约 5 mm，幼时绿色，成熟后黑色；种子近卵形，两侧压扁，直径 1~1.5 mm。花果期几乎全年。

群落

国内分布

广东、海南、广西、江西、湖南、台湾、云南南部。西沙群岛、南沙群岛有分布。

国外分布

马来群岛。

生 境

溪边、密林阴湿处或林边荒地以及草地。

危 害

一般杂草。在农地发生量大，危害严重。在珊瑚岛上见于草地，危害轻。

防 控

在开花结果前人工拔除。

花

果

五爪金龙 *Ipomoea cairica* (L.) Sweet

别名：假土瓜藤、黑牵牛、牵牛藤、上竹龙、五爪龙

旋花科 Convolvulaceae　番薯属 *Ipomoea*

形态特征

多年生缠绕草本，全体无毛。老时根上具块根。茎细长，有细棱，有时有小疣状突起。叶掌状 5 深裂或全裂，裂片卵状披针形、卵形或椭圆形，中裂片较大，长 4~5 cm，宽 2~2.5 cm，两侧裂片稍小，顶端渐尖或稍钝，具小短尖头，基部楔形渐狭，全缘或不规则微波状，基部 1 对裂片通常再 2 裂；叶柄长 2~8 cm，基部具小的掌状 5 裂的假托叶（腋生短枝的叶片）。聚伞花序腋生，花序梗长 2~8 cm，具 1~3 花，或偶有 3 朵以上；苞片及小苞片均小，鳞片状，早落；花梗长 0.5~2 cm，有时具小疣状突起；萼片稍不等长，外方 2 片较短，卵形，长 5~6 mm，外面有时有小疣状突起，内萼片稍宽，长 7~9 mm，萼片边缘干膜质，顶端钝圆或具不明显的小短尖头；花冠紫红色、紫色或淡红色，偶有白色，漏斗状，长 5~7 cm；雄蕊不等长，花丝基部稍扩大下延贴生于花冠管基部以上，被毛；子房无毛，花柱纤细，长于雄蕊，柱头二球形。蒴果近球形，高约 1 cm，2 室，4 瓣裂；种子黑色，长约 5 mm，边缘被褐色柔毛。花期几乎全年。

花

国内分布

广东、海南、广西、福建、台湾、云南。南沙群岛有分布。

国外分布

原产于亚洲热带地区或非洲，现已广泛栽培或归化于全热带。

生　境

生长于向阳的平地或山地路边。

叶

危　害

危害果园、茶园和园林植物群落，缠绕本土植物，使其不能正常进行光合作用而死亡，对农林生产和自然生态系统造成较大危害；对多种植物种子的萌发和根的生长具有明显的化感抑制作用。在珊瑚岛上偶见，危害轻。

防　控

人工割除，在其开花后未结实前割断茎基部；化学防除，可使用二甲四氯、恶草灵、氯氟吡氧乙酸等除草剂注入其茎基部。

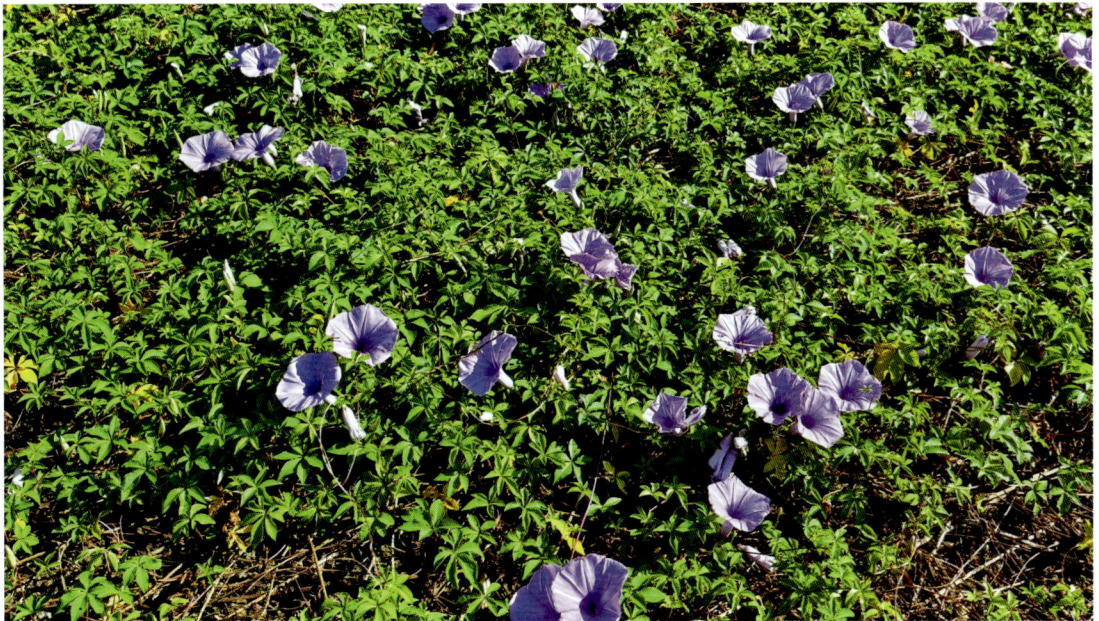

群落

马缨丹 *Lantana camara* L.

别名：五彩花、五色梅、七变花、如意草、臭草
马鞭草科 Verbenaceae　马缨丹属 *Lantana*

形态特征

　　直立或蔓性灌木，高 1~2 m，有时藤状，长达 4 m。茎枝均呈四方形，有短柔毛，通常生有短而呈倒钩状的刺。单叶对生，叶片揉烂后散发强烈的气味，叶片卵形至卵状长圆形，长 3~8.5 cm，宽 1.5~5 cm，顶端急尖或渐尖，基部心形或楔形，边缘有钝齿，表面有粗糙的皱纹和短柔毛，背面有小刚毛，侧脉约 5 对；叶柄长约 1 cm。花序直径 1.5~2.5 cm；花序梗粗壮，长于叶柄；苞片披针形，长为花萼的 1~3 倍，外部有粗毛；花萼管状，膜质，长约 1.5 mm，顶端有极短的齿；花冠黄色或橙黄色，开花后不久转为深红色，花冠管长约 1 cm，两面有细短毛，直径 4~6 mm；子房无毛。果圆球形，直径约 4 mm，成熟时紫黑色。花果期全年。

国内分布

　　广东、海南、广西、福建、台湾。西沙群岛、南沙群岛有分布。

国外分布

　　原产于美洲热带地区，现世界热带地区均有分布。

果

生　境

荒地、河岸、路边、农地、海边沙滩和空旷地区。

危　害

恶性杂草，严重妨碍并排挤其他植物生长。种子小、种子量大，发芽率高，一株每年可产生 12000 粒种子；繁殖能力强，种子和营养繁殖，通过种子可以长距离传播，可借助鸟类等动物迅速四处传播。适应性强，不择土壤，耐干旱，病虫害少，根系发达，茎枝萌发力强，易形成单优群落。具有强烈的化感作用，其代谢产生的挥发油、酚酸类和黄酮类物质能抑制周围植物的生长。在珊瑚岛上应关注马缨丹的扩散趋势。

防　控

人工或机械清除，也可选用草甘膦进行化学防治。宜结合机械、化学和生物替代等技术措施进行综合防治。

花

群落

假马鞭 *Stachytarpheta jamaicensis* (L.) Vahl

别名：蛇尾草、蓝草、大种马鞭草、玉龙鞭、倒团蛇、假败酱、铁马鞭

马鞭草科 Verbenaceae 假马鞭属 *Stachytarpheta*

形态特征

多年生粗壮草本或亚灌木，高 0.6~2 m。幼枝近四方形，疏生短毛。叶片厚纸质，椭圆形至卵状椭圆形，长 2.4~8 cm，顶端短锐尖，基部楔形，边缘有粗锯齿，两面均散生短毛，侧脉 3~5，在背面突起；叶柄长 1~3 cm。穗状花序顶生，长 11~29 cm；花单生于苞腋内，一半嵌生于花序轴的凹穴中，螺旋状着生；苞片边缘膜质，有纤毛，顶端有芒尖；花萼管状，膜质、透明、无毛，长约 6 mm；花冠深蓝紫色，长 0.7~1.2 cm，内面上部有毛，顶端 5 裂，裂片平展；雄蕊 2，花丝短，花药 2 裂；花柱伸出，柱头头状；子房无毛。果内藏于膜质的花萼内，成熟后 2 瓣裂，每瓣有 1 粒种子。花期 8 月，果期 9~12 月。

国内分布

广东、海南、广西、福建和云南南部。西沙群岛、南沙群岛有分布。

植株

国外分布

原产于中南美洲，东南亚广泛分布。

生　境

石灰岩、珊瑚砂、荒地、疏林、路边、草坪。

危　害

种子量大，易发芽，生长较快，常形成单优群落，排挤本地植物，影响生物多样性。在珊瑚岛上危害固沙绿地、草地。

防　控

在开花结果前人工拔除，或用苯磺隆、草铵膦进行防除。

花

群落

蒺藜草 *Cenchrus echinatus* L.

禾本科 Poaceae 蒺藜草属 *Cenchrus*

形态特征

一年生草本。须根较粗壮。秆高约 50 cm，基部膝曲或横卧地面而于节处生根，下部节间短且常具分枝。叶鞘松弛，压扁具脊，上部叶鞘背部具密细疣毛，近边缘处有密细纤毛，下部边缘多数为宽膜质无纤毛；叶舌短小，具长约 1 mm 的纤毛；叶片线形或狭长披针形，质较软，长 5~20 cm，宽 4~10 mm，上面近基部疏生长约 4 mm 的长柔毛或无毛。总状花序直立，长 4~8 cm，宽约 1 cm；花序主轴具棱粗糙；刺苞呈稍扁圆球形，长 5~7 mm，宽与长近相等，刚毛在刺苞上轮状着生，具倒向粗糙，直立或向内反曲，刺苞背部具较密的细毛和长绵毛，刺苞裂片于 1/3 或中部稍下处连合，边缘被平展较密长约 1.5 mm 的白色纤毛，刺苞基部收缩呈楔形，总梗密具短毛，每刺苞内具小穗 2~4 个，小穗椭圆状披针形，顶端较长渐尖，含 2 小花。颖果椭圆状扁球形。花果期夏秋季。

国内分布

海南、台湾、云南南部。西沙群岛、南沙群岛有分布。

刺苞

国外分布

原产于美国南部、日本、印度、缅甸、巴基斯坦。

生 境

路旁、荒地、草坪、滨海砂地。

危 害

易侵入裸地、新垦地；具有化感作用，影响作物产量和品质；威胁岛屿生态系统健康，降低生物多样性；其锐利的刺苞可刺穿人和动物皮肤。适应性强，在珊瑚砂环境生长良好，影响人员的活动。

防 控

加强检疫；小范围发生时，在结果前铲除；大面积发生时可使用除草剂防除。

总状花序

群落

红毛草 *Melinis repens* (Willdenow) Zizka

禾本科 Poaceae 糖蜜草属 *Melinis*

形态特征

多年生草本，株高可达 1 m。节间常具疣毛，节具软毛。根茎粗壮。叶鞘松弛，大都短于节间，下部亦散生疣毛；叶舌为长约 1 mm 的柔毛组成；叶片线形，长可达 20 cm，宽 2~5 mm。圆锥花序开展，长 10~15 cm，分枝纤细，长可达 8 cm；小穗柄纤细弯曲，顶端稍膨大，疏生长柔毛；小穗长约 5 mm，常被粉红色绢毛。第一颖小，长约为小穗的 1/5，长圆形，具 1 脉，被短硬毛；第 2 颖和第 1 外稃具，脉，被疣基长绢毛，顶端微裂，裂片间生 1 短芒；第 1 内稃膜质，具 2 脊，脊上有睫毛；第 2 外稃近软骨质，平滑光亮；有 3 雄蕊，花药长约 2 mm；花柱分离，柱头羽毛状；鳞被 2，折叠，具 5 脉。花果期 6~11 月。

颖果

穗

国内分布

广东、海南、广西、福建、台湾、江西、云南。西沙群岛、南沙群岛有分布。

国外分布

原产于非洲南部。在世界热带地区为危害严重的杂草。

生 境

河边、草地、荒地等。在珊瑚岛上生长于空旷地、草地等处，成片生长，常成单优群落。

危 害

红毛草的侵入对当地生物多样性和绿地景观造成了一定的危害。在珊瑚砂环境易形成单优群落。地上部分干燥，易发生火灾。

防 控

规模小时在花前进行人工铲除；规模大时在结籽时将果序去除以减少扩散。开花前喷洒草甘膦效果较好。

群落

第二章

有害昆虫

蜚蠊目

德国小蠊 *Blattella germanica* (L., 1767)

蜚蠊目 Blattaria 蜚蠊科 Blattidae

鉴别特征

成虫体长 13~19 mm。通体黄褐色或棕褐色，雌性比雄性的体色深。体表具油亮光泽。触角发达，鞭状，长度超过尾端。前胸背板具两条黑色纵纹。

生境及危害

在室内、室外分布广泛，室内可广泛分布在餐厅、厨房、杂物堆等各个角落。携带多种使人类患病的细菌、真菌、病毒等，甚至能携带寄生虫卵，引起人类腹泻、痢疾等多种疾病，其虫体以及分泌物还会引起人类过敏反应。

生活习性

白天一般隐蔽在阴暗、潮湿、温暖的场所内，夜间进行觅食、交配等行为，当其数量和密度较高或缺乏食物和水时，也可以在白天见到它们出来活动。

发生规律

成虫期 5~8 个月，雌性成虫只需交配 1 次便可终生产卵，一生可产卵 4~8 次，每次产卵可生出 40 个左右的若虫，若虫经 6~7 次蜕皮就可羽化为成虫。

分　布

全球分布广泛。目前三沙分布于有人居的岛礁。

若虫

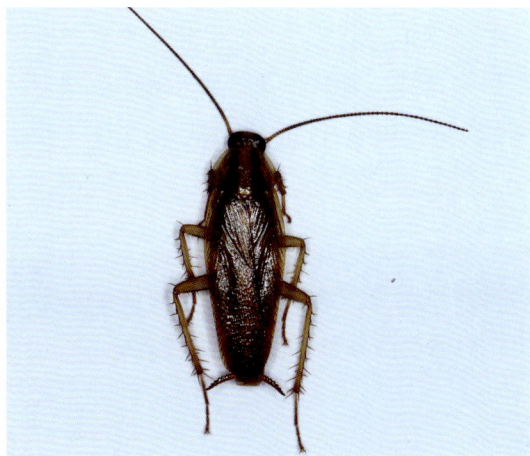

成虫

美洲大蠊 *Periplaneta americana* (L., 1758)

蜚蠊目 Blattaria　蜚蠊科 Blattidae

鉴别特征

成虫体长 27~36 mm，雌性通常较雄性大。通体红褐色，头顶及复眼间黑褐色。触角发达，丝状，长度超过尾端。前胸背板黄褐色，中部有一对褐色蝶形斑，背板前缘具 "T" 或 "M" 形浅色斑，后缘具黑褐色窄带。

生境及危害

对环境适应性极强，常见于饭店、医院、家庭、垃圾箱、厨房、下水道等处，室外亦能生存。排泄物和蜕落的表皮带有过敏原，可以引发皮疹、哮喘等病症；还能携带多种致病菌和寄生虫卵，是家禽及人类许多传染性疾病的重要传播媒介。

生活习性

喜阴暗、潮湿、温暖的环境，对外界环境的适应力很强，成虫在没有食物的情况下可以存活 2~3 个月，在断绝水源的情况下也能活 1 个月。食性复杂，咬食书籍和衣物，特别偏爱糖、淀粉等有机物质。

若虫

发生规律

若虫需要经过 13 次蜕皮后长为成虫，一般需要 4~5 个月。无雄虫时，雌虫能进行孤雌繁殖，通常在春、夏、秋季产卵，从交配到产出卵荚约需 1 周时间。

分　布

原产于南美洲，目前已广泛分布于世界各地，尤其在热带和亚热带地区较为常见。目前三沙分布于有人居的岛礁。

成虫

缨翅目

西花蓟马 *Frankliniella occidentalis* (Pergande, 1895)

缨翅目 Thysanoptera 蓟马科 Thripidae

鉴别特征

雄成虫体长 0.9~1.1 mm，雌成虫略大，长 1.3~1.4 mm。触角 8 节。身体颜色从红黄色到棕褐色，腹节黄色，通常有灰色边缘。头、胸两侧常有灰斑。翅边缘有灰色至黑色缨毛，在翅折叠时，可在腹中部下端形成一条黑线。

寄主植物

李、桃、苹果、葡萄、草莓、茄、辣椒、生菜、番茄、豇豆、花生、水稻、菊花、黄瓜等 500 多种植物。

为害症状

以锉吸式口器吸食植物汁液，喜食植物幼嫩部分，受害叶片产生斑点，严重时叶片皱缩、畸形、扭曲，甚至干枯、凋萎，受害花器初呈白色斑点，终呈褐色，受侵染的花朵畸形，严重时不开放，受害果实表皮产生创痕，可造成畸形，发育受阻或者果实褪色，可传播多种植物病毒危害植物，如番茄斑萎病毒。

若虫为害黄瓜叶片

生活习性

喜温暖湿润，怕阳光，有阳光时多藏于叶背，喜欢藏于花芽等隐蔽处。产卵于叶、花和果实的薄壁组织或者花芽中。幼期4龄，后2龄不取食，为前蛹和蛹期。化蛹场所一般在土中，也可能在花里。

发生规律

可孤雌生殖，繁殖力高，具有世代重叠特点，在南方不越冬。

分　布

各地均有发生。西沙群岛、南沙群岛有分布。

成虫

辣椒受害后感染病毒病

榕管蓟马 *Gynaikothrips uzeli* (Zimmermann, 1900)

缨翅目 Thysanoptera　管蓟马科 Phlaeothripidae

鉴别特征

雌成虫体长 2.6 mm，雄成虫 2.2 mm。体黑色。头长大于宽，触角 8 节，第 1、2 节棕黑色，第 3~6 节基半部黄色，第 7、8 节色暗。前胸背板后角鬃几乎与后侧鬃等长。翅透明，前翅边缘直。前足腿节膨大，前足胫节、中足、后足胫节端部及跗节均黄色。卵椭圆形，长约 0.02 mm，白色半透明。若虫共 4 龄，黄白色。

寄主植物

垂叶榕、细叶榕。

为害症状

以成虫和若虫锉吸嫩芽、叶片，致使芽梢凋萎，形成红褐色斑点，受害叶片变脆并折成饺子状虫瘿。

生活习性

越冬成虫于 3 月上旬榕树长出新叶时转叶为害，形成虫瘿，3 月下旬于虫瘿内产卵，也有的将卵产于树皮裂缝内。

发生规律

每年发生 8~9 代，世代重叠。

分　布

福建、台湾、香港、广东、广西、贵州、云南、海南等。西沙群岛、南沙群岛有分布。

为害垂叶榕叶片

成虫

直翅目

短额负蝗 *Atractomorpha sinensis* Bolívar, 1905

直翅目 Orthoptera　锥头蝗科 Pyrgomorphidae

鉴别特征

　　成虫体长 20~30 mm。体绿色或褐色，体表有浅黄色瘤状突起。头尖削，绿色型自复眼起向斜下有一条粉红色纹，与前、中胸背板两侧下缘的粉红色纹衔接。前翅长度超过后足腿节端部约 1/3，后翅基部红色，端部淡绿色。卵长圆筒形，长 4.5~5 mm，端部钝圆。卵块外被褐色网状丝囊，卵粒斜列囊内成四纵行。若虫共 4 龄。1 龄蝗蝻无翅芽，2 龄蝗蝻翅芽呈贝壳形，3 龄蝗蝻翅芽呈贝壳重叠型或扇形，4 龄蝗蝻长约 18 mm，翅芽尖端部向背方曲折。

寄主植物

　　大豆、花生、芝麻、水稻、麦类、烟草、蔬菜等 100 余种植物。热带珊瑚岛常见的寄主包括草海桐、厚藤、海刀豆、滨豇豆等豆科植物和多种禾本科植物。

绿色型成虫取食草海桐叶片

为害症状

成虫和若虫取食叶片。

生活习性

成虫和若虫善跳跃。成虫有多次交尾的习性，在交尾期间，雌虫有背负雄虫习性，产卵场所选择在地势较高、土质较硬的偏碱性黏土地。

发生规律

热带珊瑚岛常年发生，世代重叠。

分　布

除新疆、西藏外，各省份均有发生。目前三沙均有分布。

褐色型成虫取食草海桐叶片

绿色型若虫取食厚藤叶片

褐色型若虫

棉蝗 *Chondracris rosea* (De Geer, 1773)

直翅目 Orthoptera　斑腿蝗科 Catantopidae

鉴别特征

雌成虫体长 62~81 mm，雄成虫体长 44.5~56 mm。体青绿色或黄绿色。头大而短，头顶端钝圆，无中隆线。触角丝状，常超过前胸背板的后缘，通常 24 节。前胸背板中隆线较高，由侧面看，上缘呈弧形，侧隆线消失，沟后区略隆起，3 条横沟明显，并且平均割断中隆线，后横沟较接近后端，后缘呈直角形。雄性后胸腹板侧叶的后端相互毗连，雌性则相互分开。前、后翅均发达，前翅较宽，顶端宽圆，不达到或刚达到后足胫节的中部，后翅略短于前翅，透明，基部玫瑰色。后足腿节内侧黄色，胫节红色，顶端无外端刺，沿外缘具刺 8 个，内缘具刺 11 个。卵长约 6 mm，宽约 2 mm，圆柱形，略弯曲，初产时黄色，后渐变深，近孵化时褐色。若虫共 6 龄，体型与成虫相似，全体鲜嫩黄绿色，头特别大，与胸腹两部不相称。

寄主植物

食性杂，可为害棉花、甘蔗、柑橘、木麻黄、椰子、榄仁树、柚木、相思树等 35 科约 70 种植物。

为害症状

以成虫、若虫取食叶片成缺刻和孔洞，甚至只剩叶脉。

生活习性

成虫羽化后 10 日左右即进行交尾，雌、雄成虫均有多次交尾的习性。产卵时，雌成虫利用其腹部的背瓣和腹瓣在沙土中掘穴，直至把腹部全部插入沙土中。蝗蝻孵化后，沿着卵块顶部的泡状物，借身体蠕动钻出沙土。1~2 龄蝗蝻有群集性，3 龄后食量逐渐增大，5 龄后期至成虫末期交尾产卵前食量最大。

发生规律

每年发生 1 代，以卵在土内越冬。

分　布

内蒙古、辽宁、河北、山西、陕西，山东、江苏、安徽、浙江、江西、湖北、湖南、四川、贵州、福建、台湾、广东、广西、云南、海南。西沙群岛、南沙群岛有分布。

成虫取食椰子叶片

刺胸蝗 *Cyrtacanthacris tatarica* (L., 1758)

直翅目 Orthoptera 斑腿蝗科 Catantopidae

鉴别特征

雄成虫体长 37~49 mm，雌成虫体长 47~60 mm。体黄褐色或暗褐色，背面具黄色纵纹。前胸背板侧片在沟前区具一大白斑，中胸腹板侧叶明显长大于宽，内缘直，内下角尖锐，后胸腹板侧叶较狭地分开。前翅中域具数个卵形大黑褐斑，后翅基部微黄色。后足胫节灰褐色，有长而粗的内端刺，无外端刺，内缘刺 8 枚，外缘刺 6 枚。

寄主植物

热带珊瑚岛常见的寄主包括草海桐、滨豇豆和多种禾本科植物。

为害症状

成虫和若虫啃食叶片。

成虫

生活习性

杂食性，以植物叶片、茎秆及灌木嫩枝为食，偶食同类尸体或卵；雌虫在土壤中产卵，卵囊呈圆柱形，孵化后若虫经历 5~7 次蜕皮后羽化为成虫。多为散居型，但在食物匮乏时可能聚集形成小型群体，尚未发现大规模迁徙行为。

发生规律

每年发生 1 代，以成虫越冬。

分　布

海南、四川、云南。西沙群岛、南沙群岛有分布。

雌雄成虫交配

西沙卫蝗 *Armatacris xishaensis* Yin, 1979

直翅目 Orthoptera　斑腿蝗科 Catantopidae

鉴别特征

体大型。触角丝状。颜面垂直，颜面隆起全长明显，两侧近乎平行，中眼之下全长略呈沟状。前胸背板沟前区缩狭，后缘中央呈圆弧形突出；侧隆线缺；中隆线全长明显，平直，被三条横沟切断；在靠近前缘处尚有一条横沟，不切断中隆线；后横沟约位于中部。前胸腹板突圆锥形，中部不膨大，端部较细，自中部明显向后弯曲，到达中胸腹板前缘。前、后翅非常发达，端部圆形，前翅略超出后足胫节中部。中胸腹板侧叶长大于宽，后内角明显向内侧延伸，中隔之长大于宽。后胸腹板侧叶在后端彼此连接。后足股节细长，其长约为宽的 6 倍，上隆线具细齿。后足胫节内侧具刺 11~12 枚，外侧具刺 8 枚，缺外端刺。雌性上产卵瓣上外缘及下产卵瓣下外缘均较光滑，顶端呈钩状。尾须短，不到达肛上板端部，锥形，基部宽大。

寄主植物

禾本科植物。

为害症状

以成虫、若虫取食叶片造成缺刻和孔洞。

生活习性

多栖于沙滩、灌木丛或低矮植被中，取食嫩叶。

发生规律

可能全年繁殖，卵产于土壤或植物根部，抗干旱能力强。

分　布

仅分布于西沙群岛。

成虫

花胫绿纹蝗 *Aiolopus thalassinus* (Fabricius, 1781)

直翅目 Orthoptera　斑翅蝗科 Oedipodidae

鉴别特征

雄成虫体长 18~22 mm，雌成虫体长 25~29 mm。体褐色。颜面倾斜，颜面隆起自中单眼以上渐狭。头顶三角形，顶端呈锐角，侧隆线明显，到达复眼前缘。前胸背板前端狭后端宽，背面中央具黄褐色纵条纹，两侧具 2 条褐色纵纹，侧片沟后区常绿色。前后翅均发达，超过后足股节顶端，前翅亚前缘脉域近基部具 1 条鲜绿色或黄褐色纵条纹。后足股节内侧具 2 个黑色斑纹，顶端黑色；胫节端部 1/3 鲜红色，基部淡黄色，中部蓝黑色。

寄主植物

玉米、甘蔗、高粱、水稻、小麦、大豆、棉花、茶、柑橘等，喜食禾本科植物。

为害症状

成虫和若虫取食叶片。

成虫

生活习性

成虫有多次交尾现象，趋光性较强。每头雌虫产卵一般2~4块，每块有卵10~35粒。初孵化、初蜕皮的蝗蝻以及刚羽化的成虫，均有一段停食时间，但蜕皮前、羽化前和交尾前均有一段暴食阶段。

发生规律

热带珊瑚岛常年发生，世代重叠。

分　布

内蒙古、吉林、辽宁、河北、北京、陕西、宁夏、山东、江苏、安徽、湖北、浙江、江西、福建、台湾、广东、广西、四川、云南、海南。西沙群岛、南沙群岛有分布。

成虫

东亚飞蝗 *Locusta migratoria manilensis* (Meyen, 1835)

直翅目 Orthoptera 斑翅蝗科 Oedipodidae

鉴别特征

雄成虫体长 33.5~41.5 mm，雌成虫体长 39.5~51.2 mm。体色常因类型和环境因素的影响而变异，通常绿色或黄褐色。颜面垂直或微向后倾，颜面隆起宽平，无纵沟，复眼之后具较窄的淡色纵条纹。前胸背板中隆线明显隆起，群居性在中隆线的两侧具暗色纵条纹，散居型此条纹不明显或消失。前、后翅发达，常超过后足胫节的中部，前翅褐色，具明显的暗色斑纹。后足股节内侧基部之半在隆线之间呈黑色，近顶端具较窄的暗色横条纹，胫节橘红色。

寄主植物

以禾本科植物为主（如水稻、小麦、玉米、白茅、狗牙根等），饥饿时亦取食豆类、蔬菜及树叶。热带珊瑚岛上的寄主包括草海桐、厚藤、海刀豆、滨豇豆等豆科植物和多种禾本科植物。

为害症状

以成虫、若虫咬食植物的叶片和嫩茎为主。大发生时成群迁飞，将成片的寄主植物吃成光秆，造成毁灭性危害。

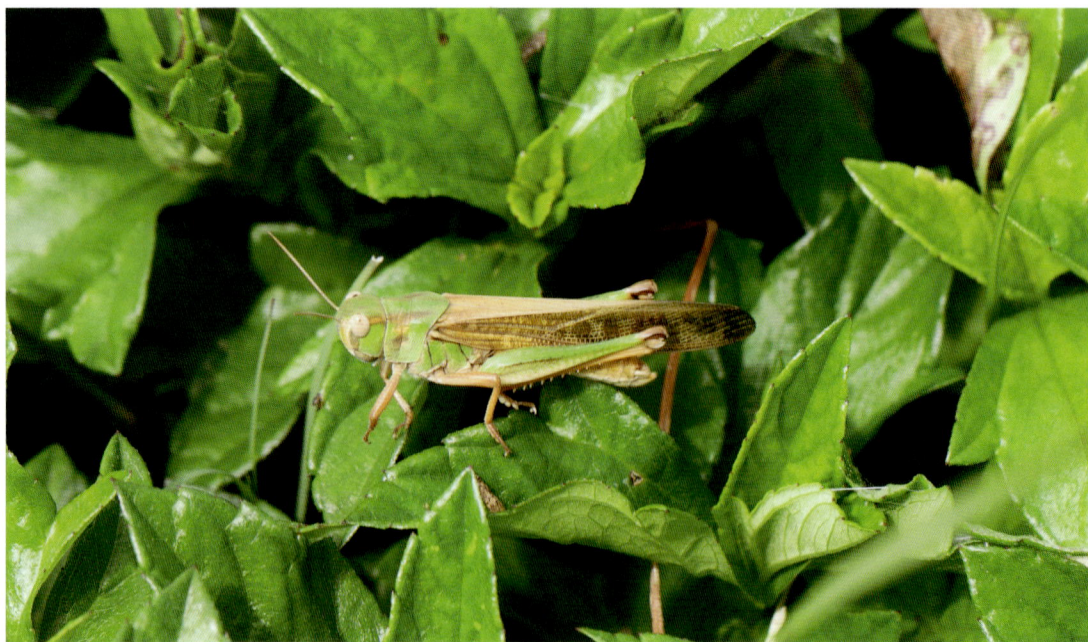

成虫

生活习性

成虫羽化后需经过一段性成熟期，性成熟前常发生迁飞现象，在交尾期间飞翔力最强。产卵地有选择性，喜在比较坚硬、土壤水分含量在10%~20%的向阳地。卵块产，最多可产12块，每雌可产卵300~400粒，多者可达700粒以上。蝗蝻行动活泼，能群集跳跃迁移。

发生规律

一般年份海河流域每年发生2代；黄河、淮河、长江流域大部分地区每年发生2代，少数发生3代；珠江流域每年发生3~4代。热带珊瑚岛常年发生，世代重叠。

分 布

河北、山西、陕西、山东、河南、江苏、安徽、浙江、湖北、江西、湖南、福建、台湾、广东、广西、四川、云南、海南。南沙群岛有分布。

若虫

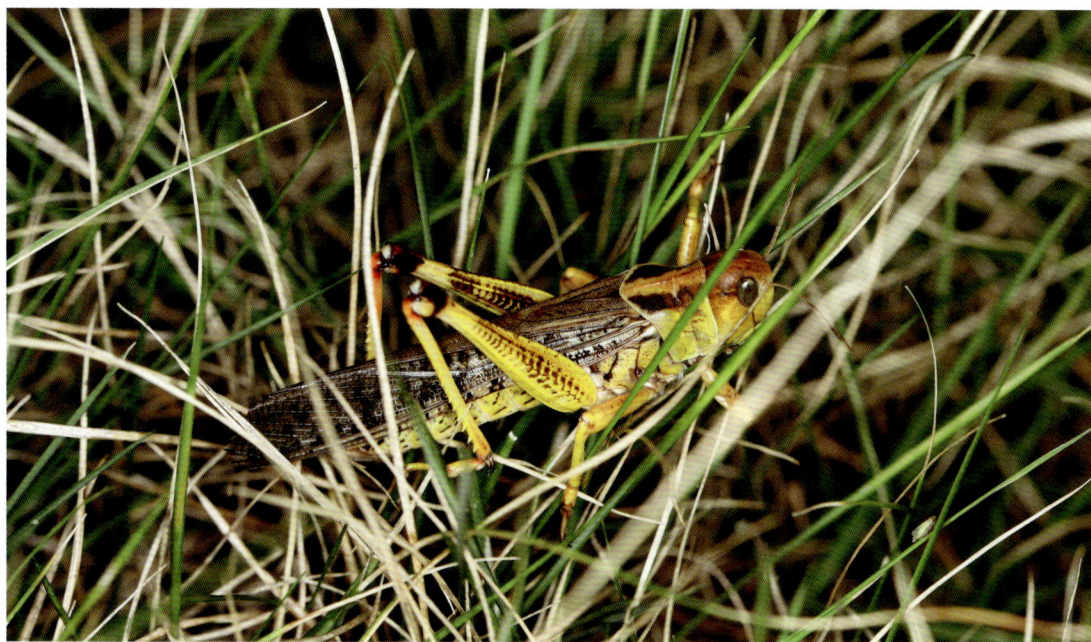

成虫

疣蝗 *Trilophidia annulata* (Thunberg, 1815)

直翅目 Orthoptera　斑翅蝗科 Oedipodidae

鉴别特征

　　雄成虫体长 11~16 mm，雌成虫体长 15~26 mm。体黄褐色或暗灰色，体上有许多颗粒状突起。两复眼间有一粒状突起。前胸背板有 2 个较深的横沟，形成 2 个齿状突。前翅长，超过后足胫节中部。后足腿节粗短，有 3 个暗色横斑，后足胫节有 2 个较宽的淡色环纹。

寄主植物

　　玉米、甘蔗、水稻、棉花、大豆、花生、马铃薯、甘薯、茶树等。热带珊瑚岛上的寄主包括多种禾本科植物。

成虫

为害症状

以成虫和若虫取食叶片造成缺刻。

生活习性

常栖息于与体色相近的土坡、岩石、草丛等保护色良好的地方，喜在阳光充足、背风向阳、土壤板结、湿度适中的土壤中产卵。

发生规律

热带珊瑚岛常年发生，世代重叠。

分　布

国内各省份均有分布。西沙群岛、南沙群岛有分布。

成虫

半翅目

棉叶蝉 *Amrasca biguttula* (Ishida, 1913)

半翅目 Hemiptera 叶蝉科 Cicadellidae

鉴别特征

成虫体长约 3 mm。体淡黄绿色。头冠在近前缘处有 2 个小黑点，黑点四周白色。前胸背板前缘区具 3 个白色斑点，后缘中央另有 1 个白点。小盾片黄色较深，小盾片基部中央、二基侧角及侧缘各有 1 个白色斑点。前翅黄绿色透明，在端部近爪片末端处有 1 个明显的黑色小斑点。卵长约 0.7 mm，宽约 0.15 mm，长肾形，初产时无色透明，孵化前为淡绿色。若虫共 5 龄，末龄若虫体长约 2 mm，淡绿色，前翅翅芽黄色，长达第 4 腹节末端。

寄主植物

木棉、蜀葵、木芙蓉、棉花、茄子、番茄、马铃薯、豆类、烟草、葡萄、柑橘等。热带珊瑚岛上的寄主包括海岸桐、榄仁和多种豆科植物。

为害症状

以成虫、若虫吸取叶片汁液，被害叶初现黄白色斑点，后逐渐扩展成片。

生活习性

成虫和 3 龄以上若虫一般多在叶片背面取食，喜食幼嫩的叶片，夜间或阴天常爬到叶片的正面。一受惊扰，迅速横行或逃走。成虫有趋光性，卵多散产于主叶脉内。

发生规律

广东以南地区每年发生 14 代以上，世代重叠，全年均可发生为害。

分 布

除新疆外，各省份均有分布。西沙群岛、南沙群岛有分布。

成虫吸食海岸桐叶片

小绿叶蝉 *Empoasca flavescens* (Fabricius,1794)

半翅目 Hemiptera　叶蝉科 Cicadellidae

鉴别特征

成虫体长 3.3~3.7 mm。体淡黄绿色至黄绿色。复眼灰褐色至深褐色，无单眼，触角刚毛状，末端黑色。前胸背板、小盾片浅鲜绿色，常具白色斑点。前翅淡黄色半透明，周缘具绿色细边；后翅透明。各足胫节端部以下淡青绿色。卵新月形，长约 0.8 mm，初产时乳白色，后转淡绿色，孵化前头端呈现 1 对红色眼点。若虫共 5 龄，末龄若虫长约 2.2 mm，淡绿色，翅芽伸达第五腹节。

寄主植物

柑橘、杨梅、桑、桃、李、葡萄、甘蔗、棉花、甜菜、水稻、马铃薯、豆类、油桐、滨豇豆等多种植物。

若虫

为害症状

以成虫和若虫吸食寄主植物汁液，被害叶初现黄白色斑点，后逐渐扩大成片，叶片自周缘逐渐卷缩凋零，严重时可致叶片脱落。

生活习性

成虫、若虫喜白天活动，有趋嫩为害习性，在叶背刺吸汁液或栖息。成虫善跳跃，畏光，阴雨天气或露水未干时不活动。

发生规律

热带珊瑚岛常年发生，世代重叠。

分　布

全国各省份均有分布。西沙群岛、南沙群岛有分布。

成虫吸食田菁豆荚

黑点纹翅飞虱 *Cemus nigromaculosus* (Muir, 1917)

半翅目 Hemiptera　飞虱科 Delphacidae

鉴别特征

成虫有长翅型和短翅型两种。长翅型连翅体长 3.3~4.5 mm，短翅型体长 2~3.1 mm。头顶长方形，头顶与胸部背面黑褐色或棕褐色，前胸背板的侧腹区黄白色。胸部腹面、前足与中足以及后足基节为黑褐色，后足其余各节黄褐色。前翅透明，翅脉列生黑褐色颗粒状突起，在翅端部有多条黑褐色带纹，形成几个透明斑。

寄主植物

热带珊瑚岛上的寄主包括多种豆科和禾本科植物。

为害症状

以成虫和若虫吸食寄主植物汁液。

生活习性

成虫、若虫喜白天活动，有趋嫩为害习性，在叶背刺吸汁液或栖息。

发生规律

热带珊瑚岛常年发生，世代重叠。

分　布

台湾、海南、贵州、云南。

成虫

白背飞虱 *Sogatella furcifera* (Horváth, 1899)

半翅目 Hemiptera 飞虱科 Delphacidae

鉴别特征

成虫有长翅型和短翅型两种。长翅型连翅体长 3.5~4.6 mm，短翅型体长 2.5~3.5 mm。头顶长方形，显著突出于复眼前方。头顶、前胸和中胸背板中域黄白色或姜黄色，中胸背板侧区黑色或淡黑色。前翅透明，翅斑黑褐色。卵香蕉形，长 0.8 mm，宽 0.2 mm。初产时乳白色，后变黄色，并出现红色眼点。若虫共 5 龄，有深、浅 2 种色型，腹背有清晰的"丰"字形浅色斑纹。

寄主植物

水稻、小麦、玉米、甘蔗、高粱、粟、稗、游草、看麦娘等禾本科植物。

为害症状

成虫和若虫刺吸植物汁液。

生活习性

成虫有趋光性、趋绿性和迁飞性。卵多产于叶鞘肥厚部分组织中。

发生规律

在南岭以南地区每年发生 6~11 代，长江中下游及江淮稻区 4~5 代。白背飞虱在我国每年春夏自南向北迁飞，秋季自北向南回迁。

分　布

除新疆外，各省份均有分布。西沙群岛、南沙群岛有分布。

成虫

成虫

若虫

大叶相思羞木虱 *Acizzia* sp.

半翅目 Hemiptera　木虱科 Psyllidae

鉴别特征

成虫体长约 1.5 mm。体黄色至黄绿色。单眼和复眼橘黄色。触角黄褐色，第 4~8 节端和第 9~10 节黑褐色。头部背面有黄白相间斑纹。胸部背面散布白色小斑。足黄色。前翅浅污黄色，近半透明，具黑斑点。腹部黄绿色。卵黄色，长椭圆形。低龄若虫黄色，高龄若虫有褐色斑，腹部前半部绿色，后半部褐色。

寄主植物

大叶相思。

为害症状

成虫产卵于大叶相思幼叶表面，卵孵化后低龄若虫吸食叶片致使叶片形成黄色颗粒状虫瘿，有时密度很大，整个叶片布满虫瘿。大龄若虫、成虫群集于大叶相思的嫩枝、幼叶、叶梢刺吸取食汁液，导致叶片枯黄，阻碍嫩芽生长，造成植株营养不良。

成虫交配

生活习性

成虫活跃，受惊即跳离，成虫及若虫通常在嫩枝上活动吸食。

发生规律

热带珊瑚岛常年发生，世代重叠。

分　布

南沙群岛有分布。

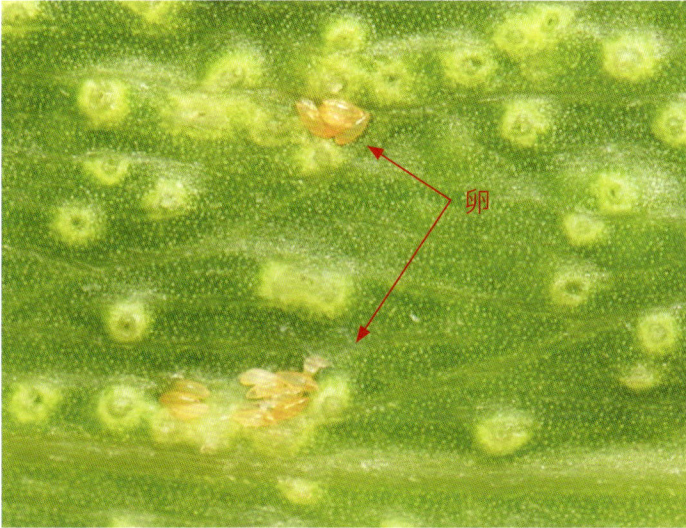

卵及低龄若虫吸食大叶相思嫩叶形成的黄色颗粒状虫瘿

若虫

大叶相思叶片上的黄色颗粒状虫瘿

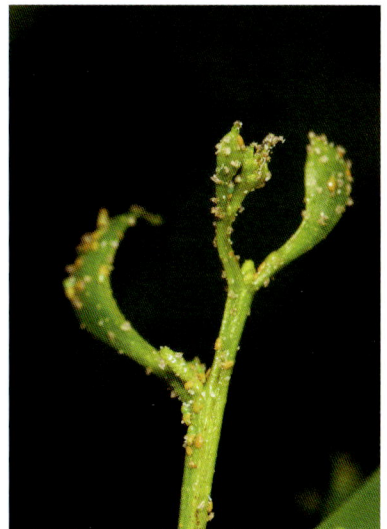

若虫在大叶相思嫩枝上聚集为害

银合欢异木虱 *Heteropsylla cubana* Crawford, 1914

半翅目 Hemiptera　木虱科 Psyllidae

鉴别特征

　　成虫体长 1.3~1.7 mm。体黄色至黄绿色或绿色。触角细长，约为体长的 2/3，前半段黄色，后半段黑色。头微向下倾，头顶后缘凹。胸部稍拱起，前胸背板垂直，中胸背面有 4 条黄褐色纵带斑。翅透明，前翅中部具黄褐色翅痣。

寄主植物

　　银合欢属植物。

若虫聚集为害嫩枝

为害症状

若虫、成虫群集于寄主银合欢的嫩枝、幼叶、叶梢及嫩荚，导致植株营养不良，并且可排泄蜜露诱发煤污病，影响植物光合作用。

生活习性

成虫活跃，受惊即跳离，成虫及若虫通常在嫩枝上活动吸食。

发生规律

在海南每年发生 15~16 代，完成一代需 16~21 天；以成虫和卵越冬。在珊瑚岛环境下无越冬现象。

分　布

台湾、福建、广东、广西、海南、香港、澳门、云南、贵州、四川。西沙群岛、南沙群岛有分布。

成虫

黄槿瘦木虱 *Mesohomotoma camphorae* Kuwayama, 1908

半翅目 Hemiptera 列木虱科 Carsidaridae

鉴别特征

成虫体长 2.8~4.2 mm。体狭长，绿色至黄绿色，具褐斑。头顶褐色，两侧具 4 条黄绿色纵条。单眼橘黄色，复眼黑褐色。触角黄褐色，第 3~8 节端部、第 9~10 节黑色，端刚毛黑色。前胸背板具 8 条黄色纵脊；中胸前盾片具 3 条、盾片具 7 条黄色纵纹，小盾片两侧、后缘及中央黄色。足绿褐色。前翅透明，具黑斑点。腹部黄绿色。

寄主植物

黄槿、天竺桂、木芙蓉、中华地桃花、樟树。

为害症状

成虫产卵于嫩枝嫩叶，若虫孵化后聚集为害，同时分泌大量蜡絮，多时成团，若虫全身被蜡质物，在白色蜡絮下爬行，生长发育。若虫、成虫群集于嫩枝、幼叶、花蕾刺吸取食汁液，造成植株营养不良，并且可排泄蜜露诱发煤污病，影响植物光合作用。

成虫吸食黄槿嫩枝汁液并排出蜜露

生活习性

成虫活跃，受惊立即跳离，成虫及若虫通常聚集在嫩枝、幼叶、花蕾刺吸取食汁液。

发生规律

热带珊瑚岛常年发生，世代重叠。

分　布

台湾、广西、海南。南沙群岛有分布。

成虫聚集取食

高龄若虫分泌大量的絮状蜡质物覆盖虫体

成虫若虫聚集取食

海棠果翅木虱 *Leptynoptera sulfurea* Crawford, 1919

半翅目 Hemiptera　个木虱科 Triozidae

鉴别特征

成虫体长 1.8~2.1 mm。雌雄体黄色至黄绿色。单眼淡橘黄色，复眼灰褐色。触角黄色，末端几节黑色。足黄色至黄绿色，前中足腿节背面黑褐色，后足胫节端、跗节黑褐色。前翅透明，缘纹 2 个淡色；脉绿色。腹部绿色至黄绿色，背板具浅褐色斑。

寄主植物

红厚壳。

为害症状

若虫聚集在嫩叶边缘取食，造成叶片边缘卷曲畸形，并躲在卷叶里面取食生长发育，末龄若虫爬出卷叶蜕皮成成虫。成虫群集于嫩枝、幼叶刺吸取食汁液，造成植株营养不良，并且可排泄蜜露诱发煤污病，影响植物光合作用。

成虫聚集取食

生活习性

成虫产卵于红厚壳顶梢的叶芽下表面，多粒卵并排成卵堆。若虫孵化后聚集在嫩叶边缘卷叶取食。成虫活跃，受惊即跳离，成虫通常在嫩枝上活动吸食。

发生规律

热带珊瑚岛常年发生，世代重叠。

分　布

海南、台湾。西沙群岛、南沙群岛有分布。

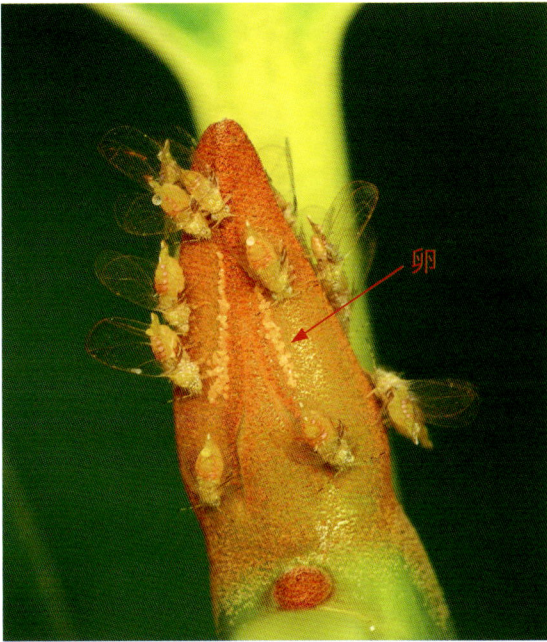

成虫聚集嫩芽产卵

红厚壳被害状

若虫聚集取食造成红厚壳叶卷曲

黄蟪蛄 *Platypleura hilpa* Walker, 1850

半翅目 Hemiptera　蝉科 Cicadidae

鉴别特征

体长 16~20 mm。通体多为淡黄褐色。复眼淡褐色或粉红色，单眼红色。前胸背板黄褐色具黑色斜沟，侧缘有黑色斑纹。黑色的中胸背板有淡褐黄色的"W"字纹及"X"字形隆起，且"W"字纹下方有两个黑色斑点。身体及前翅有金黄色鳞毛分布，前翅端透空较小，近前缘端不具独立的空窗，后翅中央黄褐色。雌雄外观近似，雄蝉腹瓣淡褐色，且身体腹面具白粉，雌蝉腹部第 7 腹板后有明显的产卵管。

寄主植物

热带珊瑚岛上的寄主包括多种灌木和乔木。

成虫在草海桐上刺吸取食

为害症状

成虫在枝条上产卵留下产卵痕。

生活习性

若虫生活在土壤中，以吸食植物根部的汁液为生。经过数次蜕皮和长时间的地下生活后，它们会爬出地表，在树枝上完成羽化过程，变为成虫。成虫以刺吸式口器吸取植物枝干的汁液为食。

发生规律

热带珊瑚岛常年发生，世代重叠。

分　布

广泛分布于我国南方地区。西沙群岛、南沙群岛有分布

成虫在黄槿上刺吸取食

白盾弧角蝉 *Leptocentrus leucaspis* Walker, 1858

半翅目 Hemiptera　角蝉科 Membracidae

鉴别特征

雌成虫体长 7~8 mm。体黑色。复眼半球形，黑色。单眼位于复眼中心连线稍上方，彼此间距大于到复眼的距离。前胸背板黑色，无毛，多刻点；斜面凸圆、垂直，宽大于高，中域突起；胝大，呈不规则圆形。肩角大而暗褐色，顶尖。上肩角细长，长大于基间宽的 2 倍，前面观，向上倾斜，顶尖锐，从上面观，脊起明显，扁平，倾斜向后弯曲，从侧面观，向上伸，之后向外伸，顶端向后。后突起有 3 条脊，从近基部起向下弯曲，在小盾片上方弯得最高，端部 1/4 接触前翅内缘，顶端尖锐，伸达第 5 端室顶端之外。前翅亮赭色，前缘和端膜黑色，基部革质，黑色，有刻点，第 1 端室长约为宽的 7 倍，翅脉浅红褐色。后翅 4 端室。小盾片黑色，长宽约相等，顶端有宽的缺切，基部 2/3 有白色丝状柔毛。胸部侧面有白色丝状柔毛。足黑褐色，跗节浅黄色。雄虫与雌虫相似，体较小。

寄主植物

热带珊瑚岛上的寄主包括多种灌木和乔木。

为害症状

成虫在枝条上产卵留下产卵痕。

成虫

生活习性

成虫用产卵器刺入嫩枝条表皮，把卵产在枝条表皮下，若虫孵化后聚集在嫩枝的叶柄着生处，吸食枝条的汁液为生，分泌蜜露吸引红火蚁等蚂蚁取食。若虫经过数次蜕皮，成虫分散或聚集吸食枝条汁液。

发生规律

热带珊瑚岛常年发生，世代重叠。

分　布

广东、广西、海南。西沙群岛、南沙群岛有分布。

大龄若虫刺吸取食黄槿枝条

若虫聚集取食分泌蜜露吸引红火蚁

成虫在枝条上留下的产卵痕

新菠萝灰粉蚧 *Dysmicoccus neobrevipes* Beardsley, 1959

半翅目 Hemiptera　粉蚧科 Pseudococcidae

鉴别特征

　　雌成虫体椭圆形，长 2.5~4.5 mm，体表覆盖白色蜡质分泌物；触角细索状，8 节，第 1 节粗短，第 4 节念珠状，第 8 节最长；体侧有 17 对刺孔群，体背分布许多长短粗细不一的毛，背部具前背裂和后背裂，如横裂的唇状；尾端有 2 根显著伸长的臀瓣刺，肛门位于腹部最后一节，肛环呈圆形，在肛环上有 1 列卵圆形的肛环孔和 6 根肛环刺。雄成虫体细长，长约 1.0 mm，褐色；触角丝状，9 节；单眼 3 个，红棕色；翅膀 1 对，具金属光泽，有 2 条明显的翅脉；尾部有 2 根特别长的白色蜡丝。若虫共 3 龄；初孵若虫淡黄色，长椭圆形，长约 0.5 mm，虫体分节明显，背部无白色蜡质物；2 龄若虫淡灰色至灰色，体表逐渐覆盖蜡质；3 龄若虫体表均匀覆盖蜡质物。

成虫、若虫聚集为害香蕉

寄主植物

寄主范围广，可为害菠萝、番荔枝、杧果、椰子、柑橘、橙、香蕉、柠檬、咖啡、可可、海岸桐、木豆、金合欢、人心果、剑麻、甘蓝、南瓜、向日葵、洋葱等。

为害症状

以成虫和若虫刺吸汁液，致寄主植物营养不良，长势衰弱。

生活习性

雌成虫聚集性强，行动缓慢，营孤雌生殖，以胎生为主，有时也可产卵。若虫有聚集为害现象，在母体周围聚集生长。1龄若虫与2龄前期比较活跃，可快速爬行。

发生规律

每年发生5代，世代重叠，没有明显的休眠期，终年均可为害。

分　布

台湾、广东、海南。西沙群岛有分布。

成虫、若虫聚集为害剑麻

双条拂粉蚧 *Ferrisia virgata* (Cockerell, 1893)

半翅目 Hemiptera　粉蚧科 Pseudococcidae

鉴别特征

雌成虫体灰色，卵圆形，长 2.1~3 mm；触角 8 节；无翅，体表覆盖白色粒状蜡质分泌物，背部有 2 条黑色竖纹，无蜡质侧丝，仅尾端具 2 根粗蜡丝和数根细蜡丝。雄成虫体长约 1.1 mm，头、胸部黄褐色，腹部紫色；具翅 1 对，半透明，腹末有 1 对白色长尾丝，约与身体等长。卵长椭圆形，淡黄色，长 0.2~ 0.3 mm。低龄若虫体长 0.3~0.6 mm，长椭圆形，淡黄色，触角明显外露，体背无蜡粉或仅被零星白色蜡粉，腹末 2 根蜡丝短；高龄若虫体背具白色细长蜡丝，腹末 2 根蜡丝长。

寄主植物

荔枝、龙眼、杧果、木瓜、菠萝、咖啡、可可、柑橘、番荔枝、番石榴、番茄、茄子、银合欢、仙人掌、木槿、夹竹桃、海岸桐、马缨丹等 200 种以上植物。

为害海岸桐

为害症状

以雌成虫和若虫聚集在嫩枝、叶片刺吸为害，并且可排泄蜜露诱发煤污病，影响植物光合作用。

生活习性

雌虫和若虫不具有飞翔能力，但具有一定的爬行能力，产卵期或待产卵期的雌虫一般在固定点不动，除非受到明显惊扰。雄虫具翅，但飞翔能力低。

发生规律

近距离的传播扩散以若虫和雌虫爬行为主，可借助风力、雨水等携带传播；远距离传播扩散主要靠苗木和果实的带虫调运。

分 布

北京、河北、河南、浙江、湖北、湖南、江西、福建、台湾、广东、广西、云南、海南、四川、西藏等。西沙群岛、南沙群岛有分布。

雌成虫

扶桑绵粉蚧 *Phenacoccus solenopsis* Tinsley, 1898

半翅目 Hemiptera 粉蚧科 Pseudococcidae

鉴别特征

雌成虫体卵圆形，长 2.5~2.9 mm，浅黄色；触角 9 节；足红色，腹脐黑色；体表被薄蜡粉，胸部可见 0~2 对黑斑，腹部可见 3 对黑斑；体缘有蜡突，均短粗，腹部末端 4~5 对较长。雄成虫长 1.4~1.5 mm，红褐色；触角 10 节，长约体长的 2/3；前翅正常发达，平衡棒顶端有 1 根钩状毛；腹部末端具 2 对白色长蜡丝。卵长椭圆形，长约 0.33 mm，橙黄色，略透明。若虫雄虫 2 龄，雌虫 3 龄；初孵若虫体表光滑，淡黄绿色，足红棕色；雌虫 2 龄若虫体缘出现明显齿状突起，蜡粉逐渐增厚，体背亚中区条状斑纹逐渐加深变黑，3 龄若虫体背黑斑明显，形似雌成虫；雄虫 2 龄若虫体背几乎无黑斑，2 龄末期停止取食，分泌蜡丝包裹自身，进入"蛹"期，"蛹"浅棕褐色，中胸背瓣近边缘区有 1 对翅芽。

寄主植物

棉花、茄子、玉米、冬瓜、芝麻、南瓜、番茄、空心菜、枸杞、向日葵、胭脂花、刺儿菜和小飞蓬等 160 种以上植物。

聚集为害曼陀罗

为害症状

以雌成虫和若虫吸食寄主嫩枝、叶片、花蕾等部位的汁液，受害植株长势衰弱，生长缓慢或停止，分泌的蜜露易诱发的煤污病，阻碍植物的光合作用。

生活习性

繁殖力很强，既可营孤雌生殖，又可营两性生殖。1 龄若虫行动活泼，2 龄若虫大多聚集在寄主植物的嫩茎、花蕾、叶腋等处取食，3 龄若虫固定取食位置。

发生规律

每年发生 12~15 代。气温低的地区主要以低龄若虫或卵在土壤或树缝隙等中越冬，在热带地区无越冬现象，可周年繁殖。

分　布

天津、山东、江苏、安徽、浙江、江西、湖北、湖南、福建、广东、广西、重庆、云南、新疆。西沙群岛、南沙群岛有分布。

聚集为害猪屎豆

苏铁白盾蚧 *Aulacaspis yasumatsui* Takagi, 1972

半翅目 Hemiptera　盾蚧科 Diaspididae

鉴别特征

雌成虫介壳白色，梨形或椭圆形；体黄色至橙色，头胸部宽圆，尾部略细，臀板凹较明显。雄虫介壳白色，长条形，两侧几乎平行，背面有 1 条纵脊，前端具 1 个浅黄褐色的壳；体橙红色，口器退化，具 1 对白色半透明的翅，腹末有 1 条细长的针状交尾器。卵橙黄色或橙红色长椭圆形。初孵若虫长椭圆形，体扁平颜色和卵相近，尾部有 2 根很细的尾毛；1 龄若虫固定取食后体形开始增大，体形由原来的长椭圆形变为卵圆形，由扁平变为背部隆起，体色变为浅黄色，老熟 1 龄若虫体色为黄色；2 龄雌虫体浅黄色形态上与雌成虫相似。

寄主植物

苏铁类植物。

苏铁被害状

为害症状

一般从叶片的下面开始侵害，逐渐向叶片上表面、叶柄和树干扩散。发生轻时，死亡的介壳虫附在植株上，降低苏铁观赏价值；发生严重时，植株几乎全部被白色的介壳包被着，整株死亡。

生活习性

卵产在介壳内，产卵期通常 1 个月左右。若虫孵化后在介壳内停留数小时后从介壳边缘缝隙爬出，有的若虫不爬出介壳，而在介壳下固定生长，造成介壳重叠。初孵若虫爬行速度较快。雄成虫寿命仅 0.5~2 天。

发生规律

在热带地区无越冬现象，可周年繁殖。

分　布

广东、福建、贵州、云南、海南、香港、台湾。西沙群岛、南沙群岛有分布。

成虫、若虫聚集取食苏铁

烟粉虱 *Bemisia tabaci* (Gennadius, 1889)

半翅目 Hemiptera　粉虱科 Aleyrodidae

鉴别特征

　　成虫体长约 1 mm，体及翅被有细微的白色蜡质粉状物。触角发达，7 节。喙从头部下方后面伸出。跗节 2 节，约等长，端部具 2 爪。翅 2 对，休息时呈屋脊形，翅脉简单。卵长约 0.2 mm，弯月形。初产时黄白色，近孵化时变黑色。若虫共 5 龄，半透明至淡黄色；1 龄若虫末端有 2 对明显的刚毛，以前方的一对较长，仅 1 龄有能运动的足，2 龄以后若虫固定在叶片背面取食不动，扁卵形，5 龄停止取食，长约 0.8 mm，背面稍隆起，背中央具疣突 2~5 个，侧背腹部具乳头状突起 8 个。

成虫聚集取食番石榴叶片

寄主植物

棉花、烟草、木薯及茄科、十字花科、葫芦科、豆科、锦葵科等 74 科 500 余种。

为害症状

成虫、若虫聚集刺吸叶片、花朵等汁液，造成植物长势衰弱。成虫或若虫还大量分泌蜜露，导致煤烟病的发生。此外，烟粉虱还可传播 30 多种病毒，引起 70 多种植物病害。

生活习性

成虫喜在温暖无风的天气活动，有趋黄的习性。卵多产于上、中部的叶片背面，每雌产卵 120 粒左右。

发生规律

每年发生 11~15 代，繁殖速度快，世代重叠。在我国南方可常年为害，不需要越冬。

分 布

国内广泛分布。西沙群岛、南沙群岛有分布。

成虫聚集取食番荔枝叶片

147

埃及吹绵蚧 *Icerya aegyptiaca* (Douglas, 1890)

半翅目 Hemiptera　绵蚧科 Margarodidae

鉴别特征

雌成虫体长 10~15 mm，宽约 4 mm，橙黄色，椭圆形，上下扁平，体背有白色蜡质分泌物覆盖，体四周有 10 对触须状蜡质分泌物。雄成虫体长约 2 mm，翅展 4~5 mm，触角丝状，复眼发达，飞行能力弱。卵长 0.76~0.83 mm，淡黄色，椭圆形。初孵若虫淡黄色，足褐色。

寄主植物

柑橘类（橙子、柠檬、柚子）及菠萝、番木瓜、杧果、葡萄、李、桃等果树，夹竹桃、玫瑰、血桐等观赏植物，豆科作物，茶树，橄榄等。

为害症状

吸食植物汁液，导致叶片黄化、卷曲，果实畸形、减产，严重时植株枯萎；分泌大量蜜露，诱发煤烟病。为害多聚集在叶背，雌成虫和若虫为害植物叶片及枝条，成群聚集在叶背面或嫩枝上取吸植物汁液，少则数头，多则近 100 头。植株受害后造成枝枯叶落，树势衰弱。

聚集于血桐嫩枝上为害

生活习性

每年发生 5~8 代（25~30℃）。初孵若虫即能爬行，1 龄若虫聚集在一起为害，2 龄开始迁移到其他叶片为害，2 龄后虫体四周开始有触须状蜡质分泌物，并可在大枝及主干上自由爬行。若虫聚集在新梢及叶背的叶脉两旁吸取汁液。成虫也喜聚集在叶片背面主脉两侧，吸取树液并营囊产卵，一般不移动。在林间难发现雄成虫。可雌雄异体受精，又可孤雌生殖。雌虫产卵期长，每雌卵囊内卵达 200 多粒，最多可达 400 粒。雌成虫寿命 2 个月左右。

聚集于枝上为害

分 布

原产于澳大利亚等地，现已广泛分布于热带、亚热带地区，包括中国华南、华东、台湾，东南亚，非洲，美洲等地。南沙群岛有分布。

若虫聚集于叶背为害

成虫聚集于叶背为害

银毛吹绵蚧 *Icerya seychellarum* (Westwood, 1855)

半翅目 Hemiptera 绵蚧科 Margarodidae

鉴别特征

雌成虫椭圆形，体长 5~7.4 mm，触角 11 节；背面隆起，被块状白色绵毛状蜡粉，呈 5 纵行，体缘蜡质突起较大，长条状，淡黄色；体毛多，长短不一。卵椭圆形，初产时浅黄色，后变橘黄色。若虫卵形，橘黄色至黄褐色，足和触角黑色，体表覆盖黄色蜡粉。

寄主植物

柑橘、枇杷、杧果、桃、柿、龙眼、荔枝、橄榄、槟榔、草海桐、鸡蛋花、九里香等。

为害症状

以雌成虫和若虫群集在嫩梢、叶芽等处吸食汁液，发生严重时，叶色发黄，造成落叶和枝梢枯萎，以致整枝、整株死去。其排泄物可引起煤烟病。

雌成虫为害草海桐

生活习性

每年发生 4~6 代（25~30℃），世代重叠，每雌可产卵 200~500 粒。雌成虫终身固着，雄成虫交配后死亡。孤雌生殖。

发生规律

热带珊瑚岛常年发生，世代重叠。

分　布

河北、河南、山西、山东、安徽、江苏、浙江、江西、湖北、湖南、贵州、四川、云南、福建、广西、广东、海南、西藏。西沙群岛、南沙群岛有分布。

雌成虫为害琴叶珊瑚

雌成虫为害木麻黄

豆蚜 *Aphis craccivora* Koch, 1854

半翅目 Hemiptera 蚜科 Aphididae

鉴别特征

有翅胎生雌蚜体长 1.5~1.8 mm，黑色或黑绿色，有光泽。翅基、翅痣和翅脉均为橙黄色，后翅具中脉和肘脉。腹管细长，黑色，有覆瓦状花纹。尾片乳突状，黑色，明显上翘，两侧各生刚毛 3 根。无翅胎生雌蚜体长 1.8~2 mm，体较肥胖，黑色或紫黑色有光泽。足黄白色、胫节、腿节端部和跗节黑色。腹管细长，黑色，长约为尾片 2 倍。若虫体小，与成虫相似，灰紫色，体节明显，体上具薄蜡粉。

寄主植物

苜蓿、甘草、苕子、槐、花生、蚕豆、豌豆、绿豆等豆科植物。

为害症状

成虫、若虫群集在嫩梢、茎蔓、花蕾、豆荚等处刺吸汁液，造成植物长势衰弱；为害时排出大量蜜露，可引发煤烟病。

雌成虫和若虫聚集取食田菁

生活习性

成虫、若虫有群集性和趋黄性，繁殖力强，条件适宜时，4~6 天即可完成 1 代。

发生规律

山东、河北每年发生 20 多代，广东、福建每年发生 30 多代。在华南地区能在豆科植物上持续繁殖，无越冬现象。

分 布

除西藏外，各省份均有分布。西沙群岛、南沙群岛有分布。

雌成虫和若虫聚集取食滨豇豆

雌成虫和若虫聚集取食紫花大翼豆

棉蚜 *Aphis gossypii* Glover, 1877

半翅目 Hemiptera　蚜科 Aphididae

鉴别特征

无翅胎生雌蚜体长 1.5~1.9 mm，有黄、青、深绿或暗绿等体色，触角约为体长之半或稍长。腹管较短，黑色或青色，圆筒形，基部略宽，上有瓦砌纹。尾片青色或黑色，两侧各有刚毛 3 根。有翅胎生雌蚜体长 1.2~1.9 mm，体黄色、浅绿色或深绿色，头胸部黑色。翅透明，中脉 3 分叉。腹管黑色，圆筒形，表面有瓦砌纹。卵椭圆形，长 0.5~0.7 mm，初产时橙黄色，后变成漆黑色，有光泽。若虫共 4 龄，夏季体淡黄色或黄绿色，春、秋季为蓝灰色；腹部 1、6 节的中侧和 2、3、4 节两侧各具 1 个白斑。

寄主植物

豆类、瓜类、棉花、烟草、茄子、辣椒、扶桑、木槿、花椒等。

为害症状

成虫和若虫群集在叶片、枝梢、花蕾、果实等处刺吸汁液，排泄的蜜露可导致煤烟病的发生。

生活习性

有翅蚜对黄色有趋性。在华南地区有不全生活史周期的棉蚜不经过有性世代，终年孤雌生殖。

发生规律

在华南地区可终年繁殖。

分布

除西藏外，各省份均有分布。西沙群岛、南沙群岛有分布。

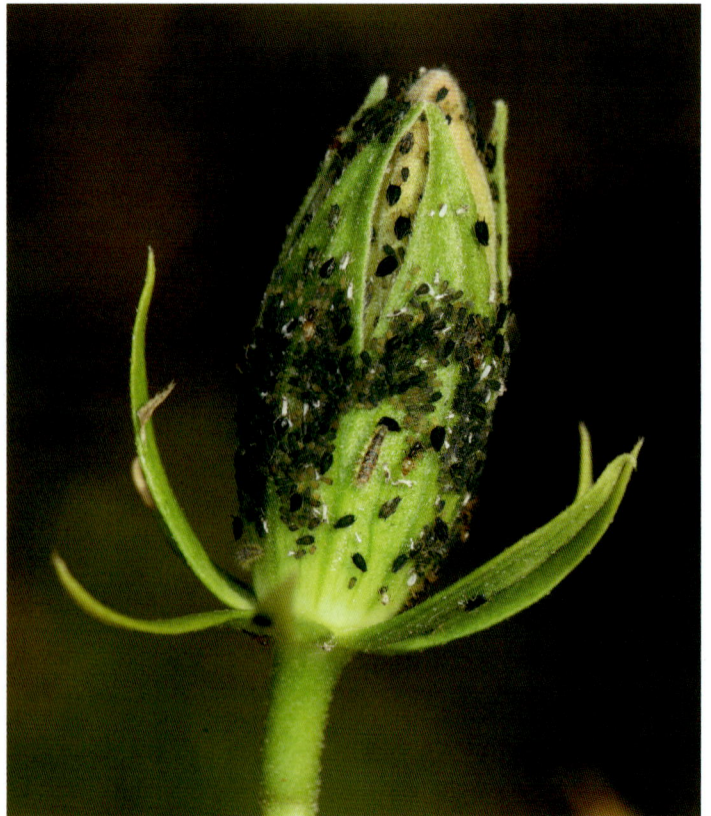

成虫与若虫聚集取食扶桑花苞

夹竹桃蚜 *Aphis nerii* Boyer de Fonscolombe, 1841

半翅目 Hemiptera　蚜科 Aphididae

鉴别特征

无翅孤雌蚜体长 1.9~2.1 mm，体黄色至金黄色，触角黑色，第 3~5 节基部黄色，触角长于体长之半；腹管、尾片黑色。足黄色，腿节端部、胫节端部及跗节黑色。有翅孤雌蚜头、胸部黑色，腹部有黑色斑纹，翅脉较粗，尾片有 13~19 根曲毛。若虫形似成虫，体形较小，无翅。

寄主植物

夹竹桃、萝藦、地瓜梢、马利筋等。

为害症状

以成虫、若虫群集于嫩叶、嫩梢上吸食汁液，致使叶片卷缩，严重时影响新梢生长，排泄的蜜露可诱发煤污病的发生。

生活习性

每头雌虫平均能产若虫 25~30 头。当气温高时，多密集生活在荫蔽处。

发生规律

每年发生 10 代以上，以成虫、若虫在顶梢、嫩叶及芽腋隙缝处越冬。

分　布

吉林、新疆、河北、北京、天津、山西、河南、山东、江苏、浙江、福建、台湾、广东、广西、云南、海南。西沙群岛、南沙群岛有分布。

有翅蚜及若蚜

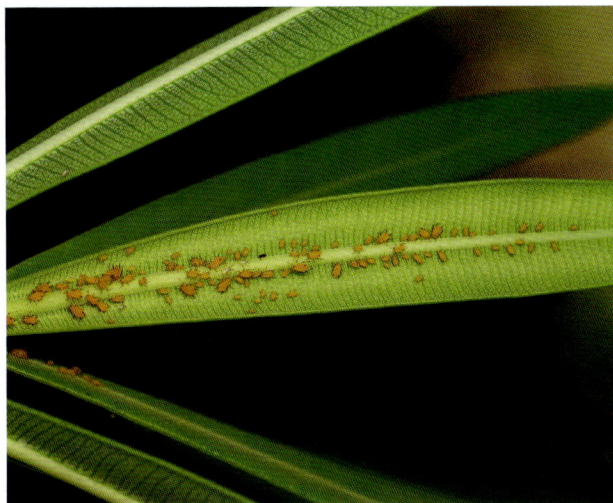

成虫和若虫聚集取食夹竹桃叶片

锚纹二星蝽 *Eysarcoris montivagus* Distant, 1902

半翅目 Hemiptera　蝽科 Pentatomidae

鉴别特征

成虫体长 5.5~6 mm。头黑色，略具铜色光泽，有时基部有短的淡色纵中线。前胸背板侧角端部色深。小盾片基角黄白斑较大，椭圆形斜列，小盾片末端有一隐约的锚形白斑。腹下中央黑色区域较狭窄。

寄主植物

榕树、无花果、桑、水稻、小麦、玉米、大豆、棉花等。

为害症状

以成虫和若虫刺吸汁液为害。

生活习性

成虫、若虫可通过吸食寄主植物的嫩枝、幼茎致植株生长发育受阻，甚至导致植株枯死。

发生规律

热带珊瑚岛常年发生，世代重叠。

分　布

江苏、浙江、四川、广西、广东、福建、云南、海南。西沙群岛、南沙群岛有分布。

成虫

壁蝽 *Piezodorus hybneri* (Gmelin, 1790)

半翅目 Hemiptera 蝽科 Pentatomidae

鉴别特征

　　成虫体长 9~11 mm，长椭圆形，淡黄绿色，体密布淡色至黑色刻点。触角第 1、2 节黄红色，其余各节紫红色。前胸背板两侧角间有 1 条横带，此横带雌虫为紫红色，雄虫为淡黄白色。翅稍长于腹末，前翅革片内有 1 个小黑点。腹下的气门黑色。前足胫节中部内侧有 1 个小刺。

寄主植物

　　多种豆类和禾本科植物。

为害症状

　　以成虫、若虫在叶片、嫩茎和嫩果上吸食汁液，被害处呈小白斑，严重时植株萎蔫，果实不饱满。

生活习性

　　成虫多产卵于叶背，部分产在嫩荚上，每块 32~43 粒，成双行排列。

发生规律

　　热带珊瑚岛常年发生，世代重叠。

分　布

　　山东、安徽、江苏、浙江、湖北、江西、四川、福建、广西、广东、香港、海南。西沙群岛、南沙群岛有分布。

雌成虫

雄成虫

斯氏珀蝽 *Plautia stali* (Scott, 1874)

半翅目 Hemiptera 蝽科 Pentatomidae

鉴别特征

成虫体长 9.5~12.5 mm，体翠绿色。前胸背板侧缘具黑褐色细纹。前翅内革片紫褐色，有些个体内革片带淡黄绿色。腹部腹板绿色，各节后侧角具边缘清晰的小黑斑。足绿色，胫节端部带黄褐色，跗节黄褐色。卵初产时乳白色，后逐渐变为污白色。若虫共 5 龄；末龄若虫体长 9~10 mm，头顶中叶基半部的黑褐色区域被中央 1 条淡黄褐色纵带纹分割成 2 条带纹，前胸背板具 3 个黄褐色斑块，翅芽后缘褐色。

寄主植物

柑橘、桃、梨、大豆、腰果、泡桐、女贞等。热带珊瑚岛上的寄主包括海滨木巴戟和海岸桐等。

成虫取食海滨木巴戟果实

为害症状

以成虫和若虫刺吸叶片、嫩梢等部位的汁液为害。

生活习性

成虫有趋光性，雌成虫一生可多次交尾，交尾后 7~10 天产卵。

发生规律

热带珊瑚岛常年发生，世代重叠。

分　布

吉林、辽宁、河北、北京、陕西、甘肃、山西、河南、山东、江苏、浙江、江西、湖北、湖南、福建、广东、广西、四川。西沙群岛、南沙群岛有分布。

成虫交配

点蜂缘蝽 *Riptortus pedestris* (Fabricius, 1775)

半翅目 Hemiptera 蛛缘蝽科 Alydidae

鉴别特征

　　成虫体形狭长，长 15~17 mm，黄褐色至黑褐色。头在复眼前部呈三角形，后部细缩如颈。头、胸部两侧的黄色光滑斑纹成点斑状或消失。前胸背板及前、中、后胸侧板具颗粒状黑色小突。前胸背板前叶向前倾斜，前缘具领片，后缘有 2 个弯曲，侧角成刺状。前翅稍长于腹末，膜片淡棕褐色。腹部侧接缘稍外露，黄黑相间。后足腿节粗大，有黄斑，腹面具 4 个较长的刺和几个小齿，基部内侧无突起，后足胫节向背面弯曲。卵橘黄色，半卵圆形，长约 1.3 mm。若虫共 5 龄，1~4 龄形似蚂蚁，5 龄若虫长 12~14 mm，形态与成虫相似，但翅较短。

成虫

寄主植物

大豆、花生、蚕豆、豇豆、豌豆、芝麻、丝瓜、白菜、柑橘、苹果、山楂等。

为害症状

成虫和若虫刺吸植物汁液，致叶片褪绿、卷曲，果实畸形、开裂或脱落。雌虫在果实或嫩枝上产卵，形成褐色凹陷斑，影响果实外观。作为媒介，传播植物病毒。分泌蜜露，诱发煤烟病。

生活习性

成虫和若虫活跃，早、晚温度低时稍迟钝。卵散产于叶背、嫩梢等部位。

发生规律

每年发生 2~3 代，以成虫越冬。

分　布

各地均有发生。西沙群岛、南沙群岛有分布。

成虫

条赤须盲蝽 *Trigonotylus coelestialium* (Kirkaldy, 1902)

半翅目 Hemiptera 盲蝽科 Miridae

鉴别特征

　　成虫体细长，长 5~6 mm，鲜绿色或浅绿色。头略呈三角形，顶端前突，头顶中央具一纵沟。触角 4 节，等于或略短于体长，红色，第 1 节具 3 条界面分明的红色纵纹。前胸背板梯形，具暗色条纹 4 个，前缘具不完整的领片。小盾片黄绿色，三角形。前翅略长于腹部末端，革片绿色，膜片透明。足浅绿色或黄绿色，胫节末端及跗节暗色。卵口袋形，长约 1 mm，宽 0.4 mm，白色透明，卵盖上具突起。若虫共 5 龄，末龄若虫体长约 5 mm，黄绿色，触角红色，翅芽超过腹部第三节。

寄主植物

　　水稻、小麦、谷子、玉米、棉花、高粱、燕麦、甜菜等多种农作物和禾本科杂草。

成虫栖息于狗牙根上

为害症状

以成虫、若虫刺吸叶片、嫩茎、穗部等汁液，被害叶片初呈淡黄色小点，严重时叶片布满白色雪花斑，叶片顶端向内卷曲，呈现失水状，植株生长缓慢、矮小或枯死。

生活习性

成虫白天活跃，夜间或阴雨天多潜伏于植株中下部叶背。成虫产卵期较长，有世代重叠现象。每雌产卵一般 5~10 粒。初孵若虫在卵壳附近停留片刻后，便开始活动取食。

发生规律

热带珊瑚岛常年发生，世代重叠。

分　布

黑龙江、吉林、辽宁、内蒙古、北京、河北、山东、河南、江苏、安徽、陕西、甘肃、青海、宁夏、新疆、海南。西沙群岛、南沙群岛有分布。

成虫栖息于禾本科植物的花穗上

瘤缘蝽 *Acanthocoris scaber* (L., 1763)

半翅目 Hemiptera 缘蝽科 Coreidae

鉴别特征

成虫长 10.5~13.5 mm，宽 4~5.1 mm，褐色。触角具粗硬毛。前胸背板具显著的瘤突；侧接缘各节的基部棕黄色，膜片基部黑色，胫节近基端有一浅色环斑；后足股节膨大，内缘具小齿或短刺；喙达中足基节。卵初产时金黄色，后变红褐色，底部平坦，背部弓形拱起，表面光滑，细纹不明显。若虫初孵若虫头、卵壳、足与触角粉红色，后变褐色，腹部青黄色；低龄若虫头、胸、腹及胸足腿节乳白色，复眼红褐色，腹部背面有 2 个近圆形的褐色斑。

寄主植物

蚕豆、甘薯、茄、瓜类、辣椒、厚藤等。

成虫栖息于厚藤叶片上

为害症状

成虫和若虫刺吸茎秆、嫩梢等部位的汁液。

生活习性

成虫、若虫常群集于嫩茎、叶柄、花梗上为害，白天活动，尤以晴天中午最为活跃，有假死性。

发生规律

热带珊瑚岛常年发生，世代重叠。

分　布

山东、江苏、浙江、安徽、江西、福建、台湾、湖北、广西、广东、四川、贵州、云南、海南、西藏等。西沙群岛、南沙群岛有分布。

卵产于叶背

若虫

叶足缘蝽 *Leptoglossus gonagra* (Fabricius, 1775)

半翅目 Hemiptera 缘蝽科 Coreidae

鉴别特征

成虫体长 17~23 mm，黑褐色至黑色。头小，基部左右各有 1 个橙色斑点。触角第 2、3 节中央及第 4 节大部分橙黄色。前胸背板近前缘有 1 条橙色弓形横纹，侧角尖突。小盾片基角和顶角、前翅革片中央各有 1 个橙色小点。腹面两侧、侧接缘各节基角橙黄色。后足胫节中部向两侧极度扩展。低龄若虫红色，前胸背板黑色；高龄若虫形似成虫，具翅芽。

寄主植物

木棉、腰果、百香果、杧果、可可、柑橘、番石榴、大豆、玉米、瓜类等。热带珊瑚岛上的寄主包括南瓜和龙珠果等。

为害症状

以成虫和若虫吸食叶片和嫩梢汁液，为害严重时可致嫩叶和嫩梢枯萎。

成虫

生活习性

雌成虫喜产卵于嫩梢上，每次可产卵约 60 粒。低龄若虫有群集为害的习性。

发生规律

不详。

分　布

台湾、云南、海南。西沙群岛、南沙群岛有分布。

低龄若虫

高龄若虫

粟缘蝽 *Liorhyssus hyalinus* (Fabricius, 1794)

半翅目 Hemiptera 姬缘蝽科 Rhopalidae

鉴别特征

成虫体长 6~7 mm，草黄色，有浅色细毛。头略呈三角形，头顶、前胸背板前部横沟及后部两侧、小盾片基部均有黑色斑纹。腹部背面黑色，第 5 背板中央生一卵形黄斑，两侧各具较小黄斑 1 块，第 6 背板中央具黄色带纹 1 条，后缘两侧黄色。卵长 0.8 mm，椭圆形，初产时血红色，近孵化时变为紫黑色。若虫初孵血红色，卵圆形，头部尖细，触角 4 节较长，胸部较小，腹部圆大，至 5~6 龄时腹部肥大，灰绿色，腹部背面后端带紫红色。

寄主植物

高粱、粟、玉米、水稻、烟草、向日葵、红麻、青麻、大麻等。热带珊瑚岛上的寄主包括海滨大戟和多种禾本科植物等。

为害症状

以成虫、若虫刺吸未成熟籽粒汁液，影响产量、质量。

成虫

生活习性

成虫喜在穗外向阳处活动，遇惊扰时迅速起飞。

发生规律

热带珊瑚岛常年发生，世代重叠。

分　布

国内分布广泛。西沙群岛、南沙群岛有分布。

卵

若虫在海滨大戟上取食

黑带红腺长蝽 *Graptostethus servus* (Fabricius, 1787)

半翅目 Hemiptera　长蝽科 Lygaeidae

鉴别特征

　　成虫体长 8.0~12.0 mm，淡红色至橘红色，体被短毛。头中叶、眼内侧，有时头顶、触角、喙、前胸背板胝区的横带、接近后缘的两条横带、胝与横带间的小圆斑、小盾片及足黑色。爪片内侧一半，革片基部前缘、端缘以及中部斜纹橘黄色。前胸背板红色。膜片黑色，顶缘具宽白边。腹部黑褐色，侧缘橘红色。足黑色，被白毛。

寄主植物

　　杧果、腰果、甘蔗、高粱、玉米、小麦等。热带珊瑚岛上的寄主包括多种禾本科植物。

成虫

为害症状

以成虫和若虫刺吸为害叶片、嫩梢、花蕾等。

生活习性

成虫喜爬行，受惊扰后迅速奔逃，一生可交尾多次，卵产于叶片上，成排并列，少则 2~3 粒，多者 20 多粒，每雌一生产卵 50~100 粒。

发生规律

每年发生 3 代。

分 布

台湾、广东、海南、广西、云南、西藏。西沙群岛、南沙群岛有分布。

成虫

亚铜平龟蝽 *Brachyplatys subaeneus* (Westwood, 1837)

半翅目 Hemiptera 龟蝽科 Plataspidae

鉴别特征

成虫体长 4.5~5.2 mm，体黑色，光亮，具浓密细小刻点。头背面具两条不规则的黄色横带，中间常有纵纹相连。头的腹面黄色，边缘黑色，触角、喙及足浅色。前胸背板侧缘黄色，前端中央有一条成波状弯曲的黄纹，两端向侧后方延伸至前翅基部。小盾片两侧及后缘有双重极细的黄色边缘，雄虫后缘中央向内弯曲。前翅前缘基部黄色。臭腺孔沟顶端具黄色小点。腹部两侧辐射状黄色带纹较窄，各节分为 2 个三角斑纹，前一个的中央有 1 个小黑点，气门及亚侧缘纵纹黑色。

寄主植物

热带珊瑚岛上的寄主包括多种豆科植物。

成虫与若虫聚集取食海刀豆叶片

为害症状

以成虫和若虫刺吸为害叶片、嫩梢、花蕾等。

生活习性

雌成虫喜产卵于嫩梢上，成虫和若虫均有群集为害的习性。

发生规律

热带珊瑚岛常年发生，世代重叠。

分　布

广泛分布于华南地区。西沙群岛、南沙群岛有分布。

成虫与若虫聚集取食海刀豆花

成虫与若虫聚集取食田菁

鞘翅目

纺星花金龟 *Protaetia fusca* (Herbst, 1790)

鞘翅目 Coleoptera 金龟科 Scarabaeidae

鉴别特征

　　成虫近纺锤形，体长 13~15 mm，古铜色具暗红色肋。背面无光泽，具细小白绒斑和浅黄色扁鳞毛。腹面和足光亮。唇基近方形，前部稍狭窄，前缘向上折翘有浅中凹。前胸背板短宽，后缘具深中凹，后角宽圆形。小盾片长三角形，平滑无刻点。鞘翅肩部最宽，肩后外缘强烈弯曲，两侧向后逐渐收狭，后外端缘圆弧形，缝角强烈向后扩展呈刺状，每翅中后部有 5 条沟纹，除外缘内侧中部前、中部和后突各有一集中绒斑群外，其余小斑较分散。足较短壮，密布粗大刻纹和黄绒毛，后足基节后外端角强烈延伸。

寄主植物

　　热带珊瑚岛上的寄主包括草海桐、大叶榄仁、银毛树、海岸桐、文殊兰、龙珠果和多种豆科植物。

为害症状

　　主要以成虫取食花器和果实为害。

生活习性

　　成虫喜在向阳处活动，遇惊扰时迅速起飞，常群集取食。

发生规律

　　热带珊瑚岛 8~10 月均可见成虫。

分　布

　　浙江、湖北、江西、湖南、福建、广东、海南、广西、四川、贵州、云南。西沙群岛、南沙群岛有分布。

成虫取食伞花假木豆豆荚

成虫取食银毛树花

成虫取食大叶榄仁果

茄二十八星瓢虫 *Henosepilachna vigintioctopunctata* (Fabricius,1775)

鞘翅目 Coleoptera　瓢虫科 Coccinellidae

鉴别特征

成虫体长 5~7 mm，半球形，赤褐色，密披黄褐色细毛。前胸背板上有 7 个黑色斑点，在浅色型中，斑点部分消失以至全部消失，在深色型中，斑点扩大、连合以至前胸背板黑色而仅留浅色的前缘及外缘。鞘翅斑纹多变，每鞘翅常具 14 个黑斑，第 2 排的黑斑几乎在一条斜线上。卵瓶状，鲜黄色。老熟幼虫体长约 9 mm，淡黄褐色，长椭圆状，背面隆起，各节具黑色枝刺。蛹椭圆形，背面有黑色斑纹。

寄主植物

主要取食茄子、野茄、辣椒、番茄、马铃薯、龙葵等茄科植物，也可取食葫芦科、豆科等。

为害症状

成虫、幼虫啃食叶片、果实和嫩茎的表皮，形成许多不规则的凹纹，后变为褐色斑痕。

生活习性

成虫有假死性，并可分泌黄色黏液。幼虫共 4 龄，2 龄后分散为害。

发生规律

热带珊瑚岛常年发生，世代重叠。

分　布

除青海、新疆外，我国各省份均有分布。西沙群岛、南沙群岛有分布。

成虫取食少花龙葵叶片

甘薯小象甲 *Cylas formicarius* (Fabricius, 1798)

鞘翅目 Coleoptera 三锥象甲科 Brentidae

鉴别特征

成虫形似蚂蚁，体长 4.8~7.9 mm。除触角末节、前胸和足呈橘红色或红褐色外，其余均为蓝黑色，具金属光泽。头部向前延伸如象鼻，复眼稍突出，半球形。触角发达，雌虫触角末节长卵形，短于其他各节的总和，呈鼓槌状；雄虫触角末节长圆筒形，长于其他各节的总和，呈棍棒状。前胸狭长，于近后端约 1/3 处凹缩如颈状。鞘翅重合，表面有不明显的纵行点刻约 22 条。后翅薄而宽。足细长，各腿节端部膨大呈近棒状。

寄主植物

甘薯、蕹菜、月光花、牵牛花、厚藤等。

为害症状

成虫啃食嫩芽梢、茎蔓与叶柄的皮层，幼虫钻蛀于块根或薯蔓内取食。

生活习性

成虫具假死性，耐饥力强。羽化 7 天后开始交配，一生交配数次，交配后 2~10 天产卵。卵主要产于块根和主茎基部。幼虫孵化后即向块根和主茎基部内蛀食，造成弯曲隧道。老熟幼虫在蛀道末端道或向外蛀食至皮层处咬一圆形羽化孔，然后于近羽化孔处化蛹。

发生规律

海南每年发生 6~8 代，世代重叠。

分 布

安徽、浙江、江西、湖南、贵州、云南、福建、台湾、广东、广西、海南等。西沙群岛、南沙群岛有分布。

成虫取食厚藤叶片

绿鳞象甲 *Hypomeces pulviger* (Herbst, 1795)

鞘翅目 Coleoptera 象甲科 Curculionidae

鉴别特征

成虫体长 15~18 mm，体黑色，表面密被闪光的粉绿色鳞毛，少数灰色至灰黄色，表面常附有橙黄色粉末而呈黄绿色，有些个体密被灰色或褐色鳞片。头管背面扁平，具纵沟 5 条。触角短粗，复眼明显突出。鞘翅上各具 10 行刻点。雌虫胸部盾板茸毛少，较光滑，鞘翅肩角宽于胸部背板后缘，腹部较大；雄虫胸部盾板茸毛多，鞘翅肩角与胸部盾板后缘等宽，腹部较小。

寄主植物

柑橘、杧果、茶、油茶、大豆、花生、玉米、棉花、烟草、甘蔗、桑树等。热带珊瑚岛上的寄主包括大叶榄仁、扶桑、海滨木巴戟、海岸桐等。

为害症状

成虫食叶造成缺刻或孔洞，还可为害嫩茎使之折断。

成虫交配

生活习性

成虫白天活动，飞翔力弱，善爬行，有群集性和假死性。幼虫孵化后钻入土中 10 mm 深处取食杂草或树根。

发生规律

华南地区每年发生 2 代，以成虫或老熟幼虫越冬。

分　布

北起吉林、内蒙古，西向由陕西、甘肃折入四川、云南，但一般在淮河以南才较常见。西沙群岛有分布。

成虫取食榄仁叶片

成虫取食扶桑叶片

椰心叶甲 *Brontispa longissima* (Gestro, 1885)

鞘翅目 Coleoptera　叶甲科 Chrysomelidae

鉴别特征

　　成虫体长 8.0~10.0 mm，体狭长、扁平。头部红黑色，前胸背板黄褐色；鞘翅黑色，有些个体鞘翅基部 1/4 红褐色，后部黑色。前胸背板略呈方形，前缘向前稍突出，两侧缘中部略内凹，后缘平直。鞘翅两侧基部平行，后渐宽，中后部最宽，往端部收窄，末端稍平截。鞘翅中前部具 8 列刻点，中后部 10 列，刻点整齐。老熟幼虫体长约 8 mm，体淡黄色，头部半圆形，前胸及第 1~8 腹节两侧各具 1 对刺突。

寄主植物

　　椰子、槟榔等。

为害症状

　　主要为害未展开的幼嫩心叶，成虫和幼虫在折叠叶内沿叶脉平行取食表皮薄壁组织，在叶上留下与叶脉平行、褐色至灰褐色的狭长条纹，严重时条纹连接成褐色坏死条斑，叶尖枯萎下垂，整叶坏死，甚至顶枯，造成树势减弱后植株死亡。

卵

生活习性

成虫惧光，有一定的飞翔力和假死性，喜在未展中心叶活动；卵产于未展开的心叶上，卵上覆盖排泄物和碎叶片；喜取食经济或观赏性棕榈科植物，尤喜取食苗木心叶。

发生规律

每年发生 3~5 代，每个世代需 55~100 天。

分　布

台湾、广西、香港、广东、海南。西沙群岛、南沙群岛有分布。

幼虫

蛹

成虫

椰子被害状

甘薯台龟甲 *Cassida circumdata* Herbst, 1799

鞘翅目 Coleoptera 叶甲科 Chrysomelidae

鉴别特征

　　成虫体长 4.2~5.6 mm，近圆形至卵圆形，绿色或黄绿色，有金属光泽。触角 11 节，一般淡色，有时末端 2~3 节略带黑褐色。前胸背板及鞘翅具黑色或褐色斑纹，敞边透明。背面胸、鞘翅黑斑变异大，有时完全消失呈淡色，有时前胸斑纹消失仅鞘翅具有黑斑，鞘翅黑斑大体呈 "U" 形。鞘翅驼顶拱突，但不呈瘤状。

寄主植物

　　甘薯、牵牛花、柑橘、龙眼、荔枝、芭蕉、桑、梨等。

为害症状

　　成虫和幼虫取食叶片。

生活习性

　　成虫白天活动，有假死性。成虫羽化 1 周后交配产卵，卵多产在叶脉附近，多为 2 粒并排。幼虫将脱的皮均粘在尾须端部排列成串，并能举动。

发生规律

　　热带珊瑚岛常年发生，世代重叠。

分　布

　　江苏、安徽、浙江、湖北、江西、湖南、福建、台湾、广东、海南、广西、四川、贵州、云南。西沙群岛、南沙群岛有分布。

幼虫

成虫

甘薯肖叶甲 *Colasposoma dauricum* Mannerheim, 1849

鞘翅目 Coleoptera 叶甲科 Chrysomelidae

鉴别特征

成虫卵圆形，体长 5~7 mm，体色变化大，有青铜色、紫铜色、蓝紫色、蓝黑色、蓝色和绿色等，多为蓝黑色，有金属光泽。触角 11 节，端部 5 节略扁平。头、胸部背面密布刻点，前胸背板呈横长方形，小盾片近方形。鞘翅布满刻点，肩胛隆起，刻点粗而明显。

寄主植物

蕹菜、甘薯、小麦等。热带珊瑚岛上的寄主包括厚藤、滨豇豆等。

为害症状

成虫为害幼苗顶端嫩叶，嫩茎，使顶端折断，严重时植株枯死。幼虫生活在土壤中，为害寄主的根。

生活习性

多以老熟幼虫在土下 15~25 cm 处作土室越冬，有少数在甘薯内越冬。越冬幼虫于 5~6 月化蛹，成虫羽化后要在化蛹的土室内生活数天才出土。成虫耐饥力强，飞翔力差，有假死性。成虫产卵为堆产，可产于禾本科杂草的枯茎中、甘薯藤、豆类根茎中，孔口有黑色胶质物封涂。卵孵化后，幼虫潜入土中啃食寄主的根皮或蛀入根内蛀成隧道。

发生规律

热带珊瑚岛常年发生，世代重叠。

分 布

除西藏外，国内各省份均有发生。西沙群岛、南沙群岛有分布。

成虫取食厚藤叶片

成虫交配

黄曲条跳甲 *Phyllotreta striolata* (Fabricius, 1803)

鞘翅目 Coleoptera 叶甲科 Chrysomelidae

鉴别特征

成虫体长 1.8~2.4 mm，黑色。鞘翅上各有 1 条黄色纵斑，中部狭而弯曲，后足腿节膨大，善于跳跃。

寄主植物

主要为害甘蓝、白菜、油菜等十字花科植物，也可为害茄果类、瓜类、豆类蔬菜。

为害症状

成虫咬食叶片呈孔洞，幼虫取食根部表皮。

生活习性

成虫善于跳跃，高温时还能飞翔，中午前后活动最盛。成虫有趋光性，对黑光灯敏感。卵散产于植株周围湿润的土隙中或细根上。

发生规律

华南地区每年发生 7~8 代。

分布

国内各省份均有发生。西沙群岛有分布。

成虫取食白菜叶片

双翅目

美洲斑潜蝇 *Liriomyza sativae* Blanchard, 1938

双翅目 Diptera 潜蝇科 Agromyzidae

鉴别特征

成虫体长 2.0~2.5 mm，亮黑色。头、小盾片鲜黄色，腹部每节黑黄相间。前翅中室较小，M3+4 末段长为次末段的 3 倍。外顶鬃常着生在黑色区域上，内顶鬃着生在黄色区域或黑色区上。幼虫体长 2.5~3.0 mm，鲜黄色，后气门呈圆锥状突起，顶端三分叉，各具一开口。

寄主植物

黄瓜、南瓜、西瓜、甜瓜、豇豆、番茄、辣椒、马铃薯等 22 科 110 多种植物。

成虫

为害症状

成虫以产卵器刺伤叶片，吸食汁液或产卵。幼虫潜叶蛀食叶肉，形成弯曲状蛇形蛀道，导致叶片皱缩、畸形，甚至整株枯萎。

生活习性

成虫具趋光性，对黄色有较强的趋性。卵产在叶面表皮下。幼虫潜食叶肉，在叶片上形成先细后宽的灰白色线状蛀道，蛀道内的黑色虫粪多排成虚线状，蛀道不越过主脉。

发生规律

在南方温暖和北方温室条件下，全年都能繁殖，每年发生10多代，世代重叠严重。在北方自然条件下不能越冬。

分 布

原产于南美洲，现已广泛入侵全球，包括中国大部分省份（华北、华东、华南）、美国、欧洲、东南亚及非洲等地。西沙群岛、南沙群岛有分布。

丝瓜叶片被害状

草海桐蛇潜蝇 *Ophiomyia scaevolana* Shiao & Wu, 1996

双翅目 Diptera 潜蝇科 Agromyzidae

鉴别特征

　　成虫体长 1.8~2.0 mm。体亮黑色。颜面不隆起高于复眼；复眼框有 4 根鬃。前翅中室较大，M3+4 末段长为次末段的 2/3。幼虫体长 3.5~4.0 mm，黄白色，后气门呈圆锥状突起，顶端三分叉，各具一开口。蛹长 2.0~2.5 mm，浅黄色至橙黄色，后气门 3 个。

寄主植物

　　仅发现于草海桐。

为害症状

　　成虫以产卵器刺伤叶片产卵，留下斑点。幼虫潜叶蛀食叶肉，形成弯曲状蛇形蛀道。

幼虫晚上潜食草海桐叶片

生活习性

卵产在叶背表皮下。幼虫晚上潜食叶肉，在叶片上形成先细后宽的灰白色线状蛀道，天亮前从新潜食出的潜道返回叶柄中，因此，白天不可见幼虫，每天晚上从叶柄向侧方的叶肉潜食出新的潜道，如此循环，直至生长发育成老熟幼虫。末龄幼虫化蛹前沿叶柄潜食至叶柄基部，并留下一层薄膜状的开口，在该开口附近化蛹。成虫羽化后，分泌唾液化开开口处的薄膜而钻出叶柄。

发生规律

热带珊瑚岛常年发生，世代重叠。

分 布

原产东南亚（马来西亚、印尼）、大洋洲（澳大利亚）。我国热带亚热带生长有草海桐的地区均有分布。

幼虫白天在草海桐叶柄中间潜食

末龄幼虫在叶柄基部留下的羽化口

成虫

草海桐叶片被害状

白纹伊蚊 *Aedes albopictus* (Skuse, 1895)

双翅目 Diptera　蚊科 Culicidae

鉴别特征

中小型蚊虫。雌蚊通体黑色，触须约为喙的 1/5 长，黑色，末段背面银白色。前胸前背片和后背片都具有银白宽鳞，后背片上方并有褐色窄鳞。中胸盾片上有 1 条银白窄鳞形成的中央纵条，前端后伸而略为细削，并在小盾片前区分叉，有的在分叉前中断，叉枝两侧有 1 对白色亚短中线。翅基上有一些白色窄鳞，小盾片覆盖银白宽鳞，中叶末端有黑宽鳞。侧背片平覆白宽鳞。翅鳞深褐色，仅前缘脉基端有一白点。平衡棒结节具黑鳞。足深褐色到黑色，各足股节都有明显膝白斑，前股和中股的腹面和后面有不同程度的白色区，后股前面基部 3/4 有宽白纵条，愈向基部愈宽，后面的白色区较短，通常约占全节的基部一半。后足跗节 1~4 有基白环，跗节 5 全白色或大部白色。雄蚊触须比喙略长，第 2~5 节都有基白环或白斑。腹节第 2 节和第 5 节背板仅有侧斑而无基白带，有的第 2 节背板基部中央有白鳞，第 8 节腹板大部白色。腹节第 9 背板呈山峰状，中央有一突起。

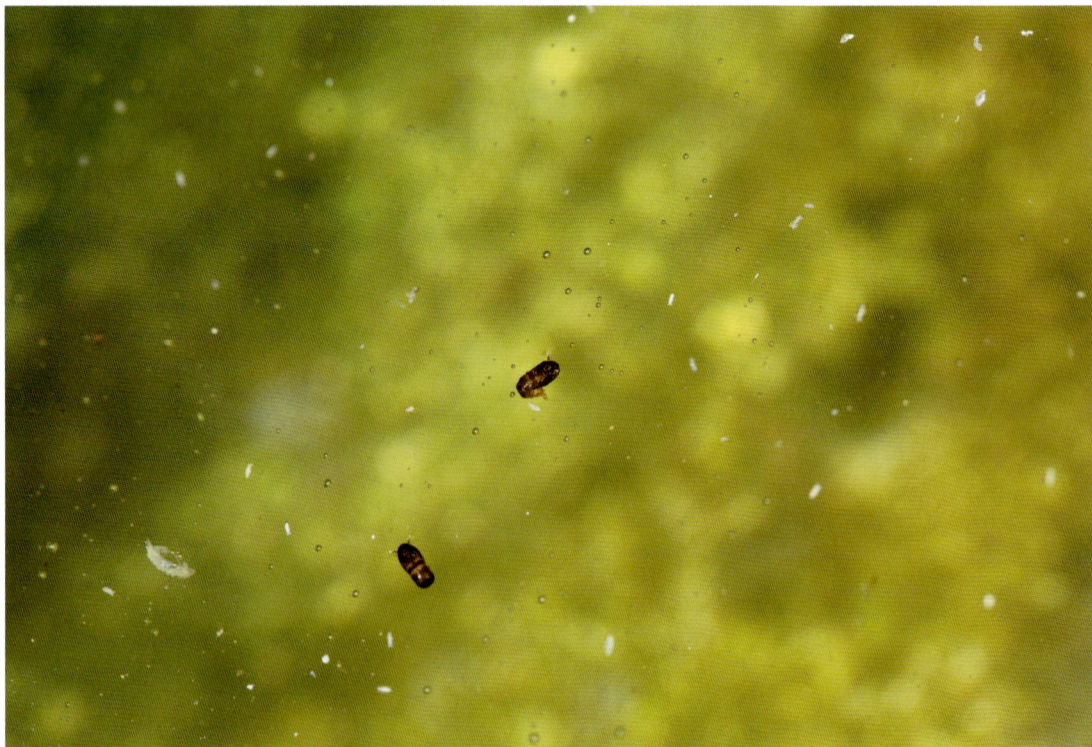

蛹

生境及危害

主要滋生于人工和植物小型容器积水中，成虫通常在滋生地周围栖息，如室内阴暗、避风区域，室外草丛、灌木丛、竹林等。通过吸血或卵可以传播多种虫媒病毒，如登革热、寨卡病毒病、基孔肯雅热、黄热病等，在我国白纹伊蚊是登革热最为主要的传播媒介。

刚羽化的成虫

生活习性

卵、幼虫和蛹都在水中生长发育，成虫在陆上生活。雌蚊吸食脊椎动物的血液和植物的汁液、花蜜。雄蚊只取食植物的汁液、花蜜。

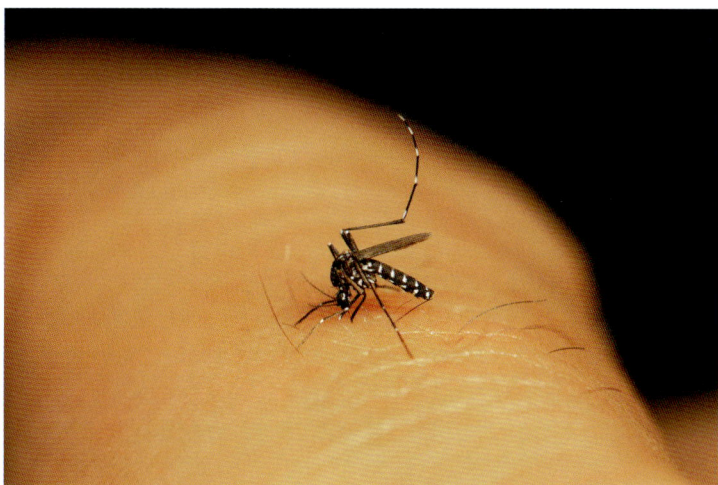

成虫吸血前

发生规律

雌蚊产卵数由数粒至300~400粒。卵期1~4天。在温带以卵越冬；在亚热带和热带交界地区以卵和幼虫越冬；在热带地区，全年可以滋生发育，无滞育卵越冬现象。

分　布

全球分布广泛。目前三沙分布于有人居住的岛礁。

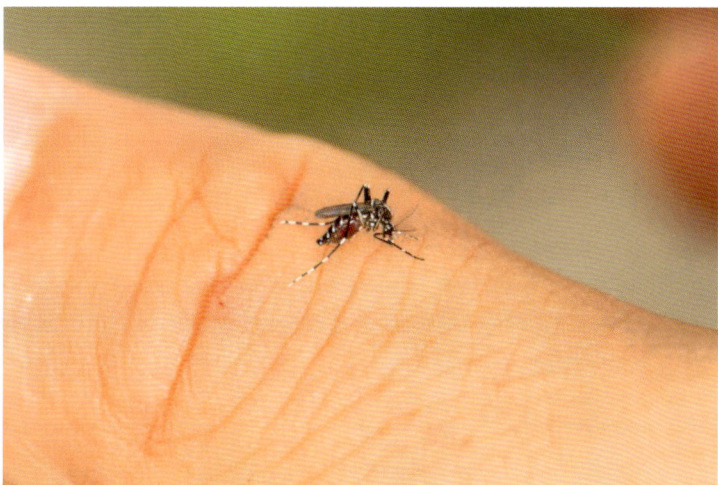

雌虫正在吸血

柑橘小实蝇 *Bactrocera dorsalis* (Hendel, 1912)

双翅目 Diptera　实蝇科 Tephritidae

鉴别特征

成虫体长 7~8 mm，通体深黑色和黄色相间。胸部背面大部分黑色，但黄色的"U"字形斑纹十分明显。腹部黄色，第 1、2 节背面各有 1 条黑色横带，从第 3 节开始中央有 1 条黑色的纵带直抵腹端，构成 1 个明显的"T"字形斑纹。雌虫产卵管发达，由 3 节组成。

寄主植物

柑橘、番石榴、阳桃、杧果和瓜类等 40 余科 250 余种植物。

为害症状

成虫产卵于果实内，幼虫于果内蛀食，被害果瓤瓣干瘪收缩，未熟先黄，后腐烂或脱落。

生活习性

成虫白天活动，有趋光性，可多次交尾、产卵。卵产于果实的果肉与果皮之间，喜在成

成虫

熟果实上产卵。幼虫群集于果实中吸食汁液，老熟时穿孔而出，脱果后弹跳转移，入土化蛹。

发生规律

每年发生 3~5 代，世代重叠。在有明显冬季的地区，以蛹越冬；在冬季较暖和的地区无严格越冬现象。

分 布

湖南、四川、贵州、广西、云南、福建、台湾、广东、海南。西沙群岛、南沙群岛有分布。

成虫取食海滨木巴戟果实

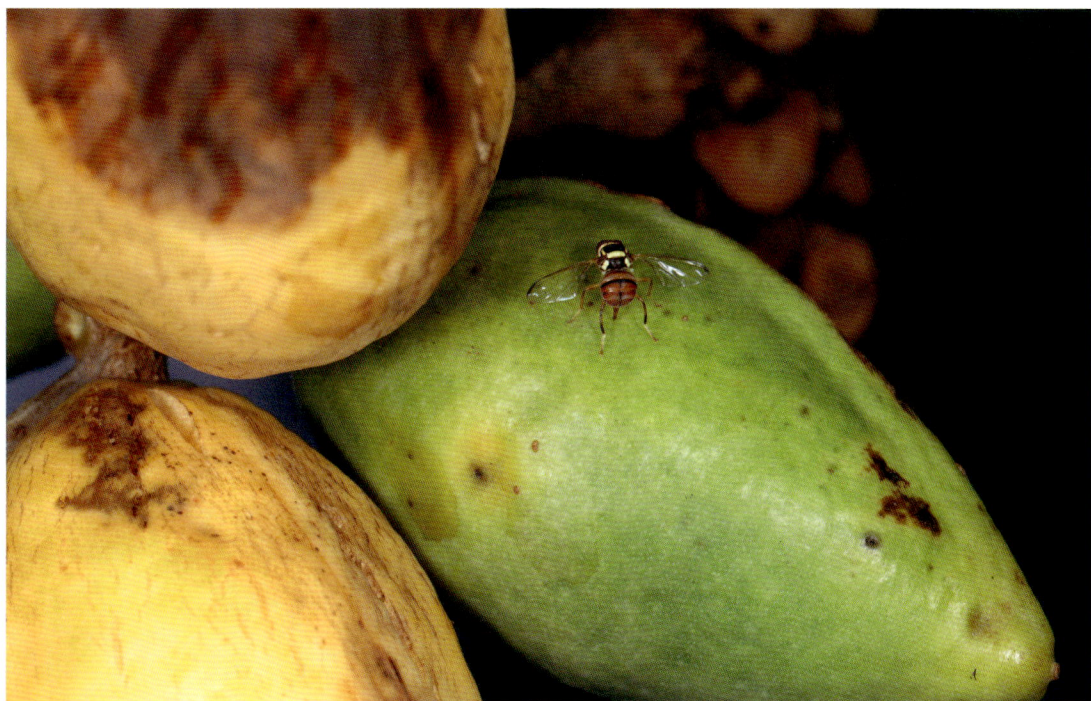

成虫在大叶榄仁果实上产卵

家蝇 *Musca domestica* L., 1758

双翅目 Diptera 蝇科 Muscidae

鉴别特征

成虫体长 5~8 mm，灰褐色。复眼暗红色，触角灰黑色；领须棕黑色，足黑色，有灰黄色粉被；胸背具淡色粉被并夹着 4 条黑色纵条，前胸侧板中央凹陷处具毛，下侧片在后气门前下方具毛；腹部椭圆形，第 1 腹板具纤毛，腹部正中有黑色宽纵纹；翅脉棕黄色，前缘脉基鳞黄白色。

生境及危害

多生活在粪便、垃圾和有机质丰富的污秽肮脏处。体表、口器或消化道内能携多种病原体，当染有病原体的家蝇接触到人的食物或皮肤、眼角、疮口上吸血和分泌物时，可以机械的传播病原体。

生活习性

成蝇一般把卵产在适宜的基质内，卵在其内孵化；蛆发育完成后，爬到比较干燥的环境中化蛹并羽化为飞蝇。成蝇以腐败的动植物、人和动物的食物、排泄物、分泌物和脓血等为食。成蝇取食频繁，且边吐、边吸、边排粪。

成虫

发生规律

成蝇的产卵高峰、次数和产卵量与其寿命、营养和环境条件有着密切关系。一般成虫寿命 30~60 天，在越冬状态下可生活达半年之久。适宜的生活条件可延长其寿命并增加产卵量，通常雌性活动时间长于雄性。家蝇在不同地区能以不同虫期越冬，以幼虫越冬者多在孳生物底层；以蛹越冬者多数在滋生地附近的表层土壤中；成虫则在暖室、地窖、地下室等温暖隐蔽处越冬。

分 布

全球广泛分布，目前三沙分布于有人居住的岛礁。

成虫

鱗翅目

曲纹紫灰蝶 *Edales pandava* (Horsfield, 1829)

鳞翅目 Lepidoptera　灰蝶科 Lycaenidae

鉴别特征

　　成虫体长 10~12 mm，翅展 28~34 mm，雌雄异型。雄成虫翅面紫色，具光泽，前翅外缘黑带较窄，后翅贴近外缘各室内有 1 个黑斑，前缘深灰色，具尾突；翅腹面灰色，外中区与外缘间有较多黑色斑点，有白色边相伴，臀区有 1 块黑色圆斑，伴有明显橙色斑。雌成虫背面深灰色，前翅中部有较暗蓝色鳞斑，后翅有 1 个橙色斑。卵扁圆形，中央略凹陷，浅绿色，表面密布环形排列的颗粒状突起和规则的网纹。幼虫共 5 龄，老熟幼虫体长 9~14 mm，扁椭圆形，体节分界不明显，体色多变，有浅黄、绿、紫红等色，体背密布短毛，有较明显的纵条纹。蛹长 7~10 mm，淡黄色、绿色或红褐色，背部色深，翅芽色淡且明显。

寄主植物

　　苏铁。

成虫

为害症状

以幼虫啃食叶片呈缺刻，严重时可取食叶片至仅剩叶柄甚至叶梗。

生活习性

成虫喜白天活动，羽化1天后即可交尾，卵多散产于叶背或叶芽处。幼虫有群集为害习性，3龄后食量暴增，4龄幼虫取食量少或不取食，开始形成预蛹。

发生规律

每年发生4代，以蛹在枯枝烂叶上越冬。

分　布

上海、湖南、福建、台湾、广东、广西、香港、海南。西沙群岛、南沙群岛有分布。

卵

蛹

幼虫

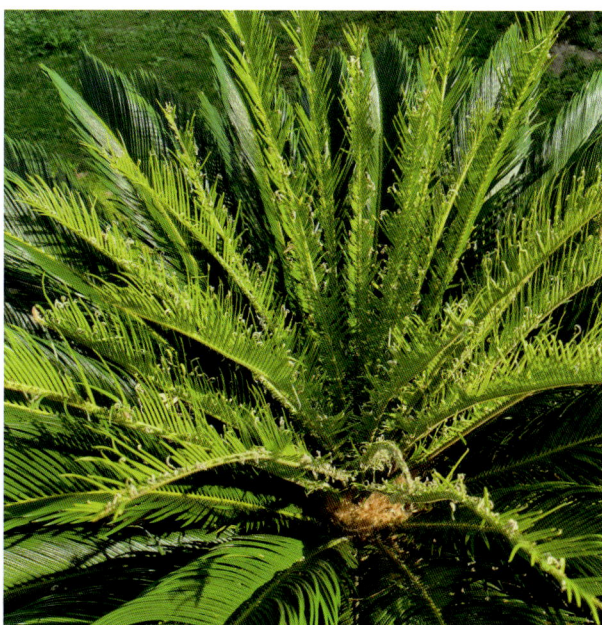

苏铁被害状

毛眼灰蝶 *Zizina otis* (Fabricius, 1787)

鳞翅目 Lepidoptera　灰蝶科 Lycaenidae

鉴别特征

　　成虫雌雄异型，雄成虫背面闪蓝色金属光泽，雌成虫则为黑色，仅基部闪有蓝色金属光泽。翅腹面呈淡黄褐色，具许多深褐色的小斑点，其中后翅前缘近顶角处 2 个小斑点的连线与前缘垂直。

寄主植物

　　豆科植物。

为害症状

　　以幼虫取食幼叶和花苞。

生活习性

　　成虫喜白天活动，卵多散产于花苞或叶芽处，幼虫取食幼叶和花苞完成发育。

发生规律

　　每年发生多代，成虫几乎全年可见。

分　布

　　甘肃、江苏、安徽、江西、湖北、湖南、福建、台湾、香港、广东、广西、四川、云南、海南。西沙群岛、南沙群岛有分布。

卵

蛹

幼虫

幼虫取食滨豇豆花苞

成虫交尾

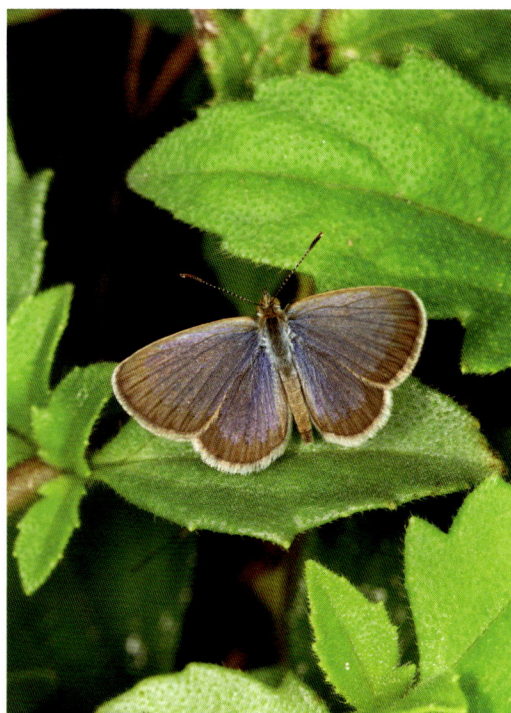

成虫翅正面

波蛱蝶 *Ariadne ariadne* (L., 1763)

鳞翅目 Lepidoptera 蛱蝶科 Nymphalidae

鉴别特征

　　成虫体长约 20 mm，翅展约 65 mm。翅背面呈红褐色，前翅中室有数条深褐色短纹，两翅有多列大致与外缘平行的深褐色波浪线纹，前翅顶区附近有 1 个小白斑。翅腹面呈深红褐色，有暗色波浪线纹。雄成虫前翅腹面及后翅背面带性标。老熟幼虫黑色，体背淡黄白色，间有黑色横纹。头部密生粗刺，并有 1 对长枝刺。腹部两侧各有 2 行黑色枝刺，各体节侧面有几条黄褐色短斜纹。

寄主植物

　　蓖麻。

成虫栖息于银毛树叶片上

为害症状

幼虫取食叶片和幼果。幼虫以蓖麻为食。化蛹后约1周羽化为成虫。

生活习性

成虫飞行缓慢，卵单产于嫩叶表面。老熟幼虫侧悬在叶背或枝条上化蛹。

发生规律

每年发生多代，成虫几乎全年可见。以蛹越冬。

分　布

云南、广东、福建、海南、台湾、香港等。西沙群岛有分布。

幼虫在蓖麻叶片上取食

翠袖锯眼蝶 *Elymnias hypermnestra* (L., 1763)

鳞翅目 Lepidoptera　蛱蝶科 Nymphalidae

鉴别特征

成虫前后翅边缘呈锯齿状，翅背面暗褐色，带紫光。前翅背面外缘从顶角至后角有 1 列蓝色或浅蓝色斑纹；翅腹面红褐色，上有细密的深色波纹，前翅顶角有 1 个淡色三角区。雌蝶与雄蝶斑纹相似，但后翅背面外缘常有白色斑点。

寄主植物

槟榔、大王椰子、黄椰子、蒲葵、鱼尾葵、散尾葵、山棕、棕竹等。

为害症状

以幼虫取食叶片。

生活习性

通常生活在山地森林或低海拔地区的开阔草地和花园中。

发生规律

热带珊瑚岛常年发生。

分　布

湖北、福建、台湾、广东、广西、云南、海南等。西沙群岛有分布。

成虫

翠蓝眼蛱蝶 *Junonia orithya* (L., 1758)

鳞翅目 Lepidoptera　蛱蝶科 Nymphalidae

鉴别特征

成虫雌雄异型。雄蝶前翅背面黑色，靠亚外缘有 2 枚眼斑，亚顶区有 2 条平行的斜白带，亚外缘有白色。后翅暗蓝色，分布 2 枚眼斑。雌蝶各眼斑较大，翅面颜色较浅，后翅蓝色区域小。旱季型前翅角勾起、突出，后翅腹面棕褐色。

寄主植物

爵床、假杜鹃、马鞭草等。

为害症状

以幼虫啃食叶片。

生活习性

成虫喜阳光充足的开阔地，尤喜开阔地上的草地。

发生规律

每年发生多代。

分　布

广布于我国南方地区。西沙群岛、南沙群岛有分布。

成虫背面观

成虫腹面观

幼虫取食假马鞭

蛹

小菜蛾 *Plutella xylostella* (L., 1767)

鳞翅目 Lepidoptera 菜蛾科 Plutellidae

鉴别特征

成虫体长 6~7 mm，翅展 12~15 mm。雄虫体色较深，前翅灰黑色或赭褐色；雌虫体色浅，灰褐色，腹部末端圆筒形。成虫前翅缘毛长，停息时两翅覆盖于体背成屋脊状，前翅缘毛翘起，两翅结合处有三度曲波纵带组成的 3 个连串的斜方块。幼虫共 4 龄，初为深褐色，后变为黄绿色至绿色。末龄幼虫体长约 10 mm，纺锤形。头部黄褐色，前胸背板上有由淡褐色无毛的小点组成的 2 个 "U" 形纹，体上着生有稀疏的长而黑的刚毛。臀足向后超过腹部末端。蛹颜色多变，有绿、灰黑、粉红、黄白等色。蛹外被薄茧。

寄主植物

主要为害甘蓝、花椰菜、白菜、油菜、萝卜等十字花科植物，偶尔也可为害马铃薯、葱、姜、番茄等。

幼虫取食青菜叶片

为害症状

1龄幼虫潜叶钻食叶肉，2龄幼虫啃食叶肉，仅残留上表皮，成为透明的斑块；3~4龄幼虫可将菜叶食成孔洞和缺刻，严重时全叶被吃成网状。

生活习性

成虫有趋光性，昼伏夜出，白天仅在受惊扰时，在株间作短距离飞行。卵散产或数粒在一起，多产于叶背脉间凹陷处。幼虫活泼、动作敏捷，受惊时向后剧烈扭动、倒退或吐丝下落。老熟幼虫在叶脉附近结薄茧化蛹。

发生规律

华南地区每年发生15~20代。长江及其以南地区无越冬、越夏现象；长江以北地区，成虫在十字花科蔬菜、留种蔬菜及田边杂草中越冬。

分　布

国内分布广泛。西沙群岛、南沙群岛有分布。

蛹

成虫

瓜绢野螟 *Diaphania indica* (Saunders, 1851)

鳞翅目 Lepidoptera　草螟科 Crambidae

鉴别特征

成虫体长约 11 mm，翅展约 25 mm。头、胸黑色，腹部白色。前翅和后翅白色透明，略带紫色，前翅前缘和外缘、反翅外缘呈黑色宽带。老熟幼虫体长 23~26 mm，头部、前胸背板淡褐色，胸腹部草绿色，亚背线呈两条较宽的乳白色纵带，气门黑色。蛹长约 14 mm，深褐色，头部光整尖瘦，翅端达第 6 腹节，外被薄茧。

寄主植物

西瓜、黄瓜、苦瓜、甜瓜、丝瓜、冬瓜、番茄、茄子、棉、桑、木槿和锦葵等。

为害症状

以幼虫取食为害。初孵幼虫为害叶片时，先取食叶片下表皮及叶肉，仅留上表皮；虫龄增大后，将叶片吃成缺刻，仅留叶脉。

生活习性

成虫夜间活动，稍有趋光性。卵产于叶片背面，散产或几粒在一起。幼虫 3 龄后卷叶取食，幼虫于卷叶中化蛹。

成虫

发生规律

华南地区每年发生 6~7 代，以老熟幼虫或蛹在枯叶或表土越冬。

分　布

国内分布广泛。西沙群岛、南沙群岛有分布。

幼虫

蛹

泡桐卷野螟 *Pycnarmon cribrata* (Fabricius, 1784)

鳞翅目 Lepidoptera 草螟科 Crambidae

鉴别特征

成虫翅展 18~20 mm，黄白色有光泽。翅基片两侧各有 1 个黑点，前胸足及中胸足带黑斑，腹部靠近基部两侧有成对的黑点，腹部末端各节黄色，臀鳞丛前方有 1 条橙黑色带。前翅沿翅前缘有许多细微的黑点，从翅前缘到亚前缘有褐色细纹，基部一半有 3 个较大的斑点，中央靠近外侧有 2 个"U"形斑。后翅有 1 条褐色波纹状横线，中室末端有 1 个黑斑，翅顶有 1 个黑斑，翅前缘及臀角各有 1 个黑斑。

寄主植物

泡桐、单叶蔓荆。

为害症状

幼虫吐丝卷叶，藏匿其中取食叶肉。

生活习性

成虫夜间活动，有趋光性。卵产于叶片背面，散产或几粒在一起。幼虫卷叶取食，于卷叶中化蛹。

成虫

发生规律

热带珊瑚岛常年发生。

分 布

北京、河北、陕西、湖北、四川、台湾、广东、广西、云南、海南。西沙群岛、南沙群岛有分布。

化蛹于单叶蔓荆叶片

单叶蔓荆被害状

角翅绿野螟 *Parotis suralis* (Lederer, 1863)

鳞翅目 Lepidoptera　草螟科 Crambidae

鉴别特征

成虫中小型，体长 12~15 mm，翅展 25~30 mm，前翅翅面为单纯的草绿色，中室内有 1 枚不明显的小点，前缘脉黄褐色，外缘具小波浪状凹凸，缘毛褐色，后翅中室有 1 枚醒目的黑斑。足细长，末端具钩状刺。幼虫体长 20~25 mm，乳白色至淡绿色，头部褐色，腹部具多数刚毛；第 3~6 节膨大，行动活泼，喜钻蛀茎秆或叶片。

寄主植物

以甘蔗为主，兼食玉米、水稻、高粱、甘薯等禾本科作物及莎草科植物。在珊瑚岛主要为害海岸桐。

为害症状

幼虫吐丝卷叶，在其内取食叶肉。幼龄幼虫在叶背啃食叶肉，留下上表皮成天窗状。

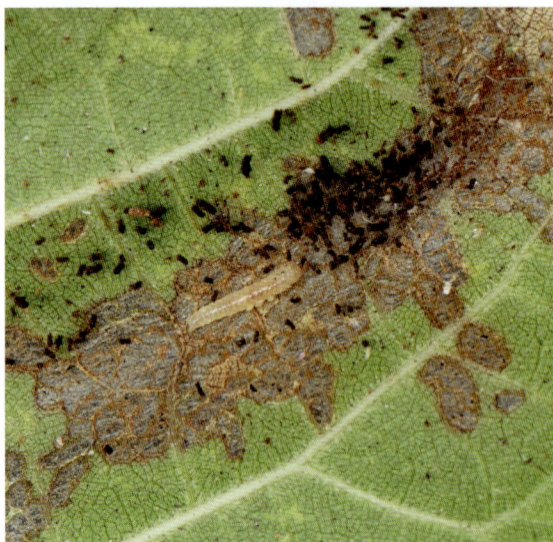

低龄幼虫

生活习性

成虫飞翔力弱，卵散产于叶脉处，常 2~5 粒聚在一起。老熟幼虫多在表土层作茧化蛹，也有的在枯枝落叶下或叶柄基部间隙中化蛹。每雌可产卵 100~200 粒，世代重叠，每年发生 5~8 代（25~30℃）。

发生规律

热带珊瑚岛冬季发生严重。

分　布

海南。西沙群岛、南沙群岛有分布。

高龄幼虫

成虫

幼虫卷叶取食海岸桐叶片

蛹

海岸桐被害状

缘黑黄野螟 *Herpetogramma submarginale* (Swinhoe, 1901)

鳞翅目 Lepidoptera　草螟科 Crambidae

鉴别特征

成虫体中型，翅展 32.0~34.0 mm，体粗壮，绿色、黄绿色或蓝绿色。头顶被粗糙鳞毛，触角丝状。翅外缘及缘毛处呈撕裂状，翅面斑纹简单，仅具中室圆斑、中室端斑。雄性腹部具黑色鳞毛簇。幼虫黄白色或黄绿色，光亮透明。头黑色，第 1 腹节背面有 1 对黑褐色条斑。

寄主植物

草海桐。

为害症状

幼虫吐丝卷叶，在其内取食叶肉。幼龄幼虫在叶背啃食叶肉，留下上表皮成天窗状，3 龄后将叶片食成网状、缺刻。

生活习性

成虫昼伏叶背，夜晚活动，趋光性强。卵主要产在豆荚上。幼虫孵化后在荚上爬行或吐丝悬垂转荚，潜入豆粒中取食。幼虫老熟后离荚入土，结茧化蛹。

发生规律

热带珊瑚岛常年发生。

低龄幼虫

高龄幼虫

分　布

　　湖南、海南。西沙群岛、南沙群岛有分布。

成虫

蛹

草海桐被害状

拟三色星灯蛾 *Utetheisa lotrix* (Cramer, 1777)

鳞翅目 Lepidoptera　灯蛾科 Arctiidae

鉴别特征

　　成虫翅展 28~40 mm。触角黑色，丝状。头、胸黄白色。前翅黄白色，前缘脉从基部至翅顶具 6 个黑点与 5 个红斑相间，这些黑点的下方均有数个黑点形成亚基线、内线、中线、外线、亚端线，前缘的红斑下方尚有红斑位于中脉下方，端线为 1 列黑点，缘毛上也有 1 列黑点。后翅白色，横脉上具 2 个黑点，前缘脉中部有 2 个黑点，翅顶至 1 脉处有一黑褐色斑带。幼虫体黑色，头部红赭色，刚毛白色和黑色，常具橙红色节间带，体背或多或少有白斑。

寄主植物

　　银毛树、猪屎豆、太阳麻、大眼兰、木豆、甘蔗等。

为害症状

　　以幼虫取食叶片、嫩梢和花序。

成虫

生活习性

成虫多出现于夏、秋两季，生活在低海拔山区。成虫白天喜访花。

发生规律

热带珊瑚岛常年发生。

分　布

江西、湖南、福建、台湾、广东、广西、四川、云南、海南、西藏。西沙群岛有分布。

幼虫

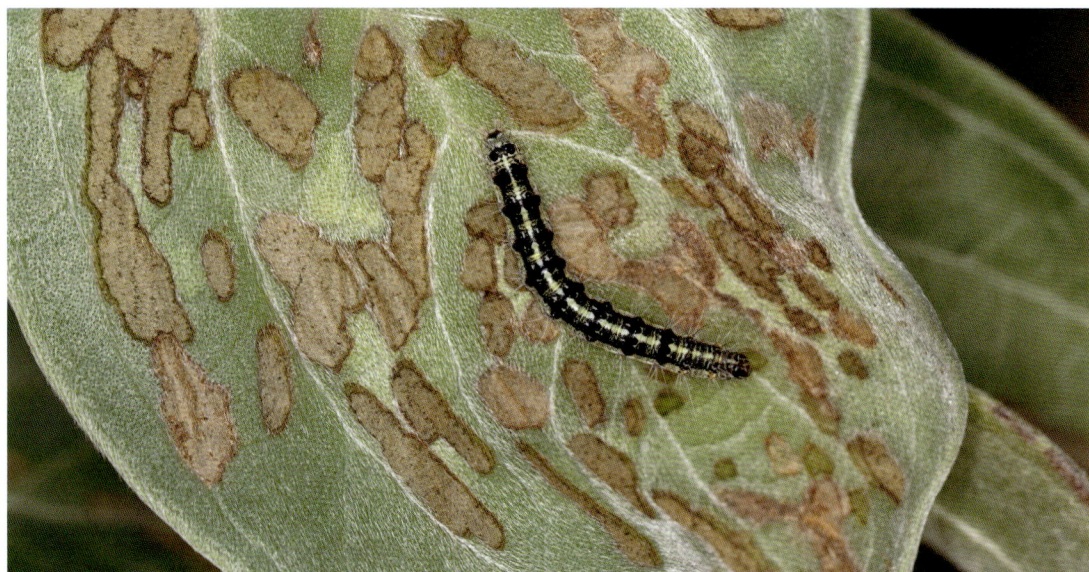

幼虫取食银毛树叶片

豆荚斑螟 *Etiella zinckenella* (Treitschke, 1832)

鳞翅目 Lepidoptera 螟蛾科 Pyralidae

鉴别特征

成虫体长 12~14 mm，翅展 20~24 mm，体灰褐色或暗黄褐色。复眼圆形，黑色。前翅狭长，灰褐色，覆有深褐色、黄色及白色鳞片，沿前缘有 1 条白色纵带，近翅基有 1 条黄褐色月牙形横带。后翅黄白色。老熟幼虫体长 14~18 mm，紫红色，腹面及胸背两侧青绿色。前胸背板在 1~3 龄时有黑色"山"形纹，4~5 龄时有黑色"人"形纹，并在两侧各有 1 个黑斑，后缘中央有 2 个小黑斑。背线、亚背线、气门线和气门下线明显。蛹长约 10 mm，腹端尖细。

寄主植物

西沙灰毛豆、大豆、豇豆、豌豆、菜豆、扁豆、绿豆、刺槐等豆科植物。

为害症状

以幼虫吃食花、荚和豆粒。

生活习性

成虫昼伏叶背，夜晚活动，趋光性弱，飞翔力不强。卵主要产在豆荚上。幼虫孵化后在荚上爬行或吐丝悬垂转荚，潜入豆粒中取食。幼虫老熟后离荚入土，结茧化蛹。

发生规律

热带珊瑚岛常年发生。

分布

除西藏外，国内各省份均有发生。西沙群岛、南沙群岛有分布。

成虫

幼虫

蛹

西沙灰毛豆被害状

一点拟灯蛾 *Asota caricae* (Fabricius, 1775)

鳞翅目 Lepidoptera 拟灯蛾科 Hypsidae

鉴别特征

成虫翅展 46~72 mm，头、胸、腹橙黄色，翅基与后胸具黑点，下唇须基部侧面具黑点，第 3 节黑色。前翅灰褐色，基部橙黄色，上有 5 个黑点，中室下角有 1 个小白点，翅脉白色。后翅橙黄色，中室端具黑斑，外线有 2 个黑斑，亚端线有或无黑斑。幼虫共 7 龄，老熟幼虫体白色，腹面污黄绿色，头褐色，头顶分别有 1 对纵黑纹及黑色斑点；前胸背面及臀节红褐色，背线黑色、细，亚背线和气门上线构成粗黑带；各体节毛瘤黑色，刚毛黄白色，稀疏。蛹初红褐色，后期颜色逐渐加深，腹末有 8 枚钩状刺毛。

幼虫取食对叶榕叶片

寄主植物

榕树、无花果。

为害症状

幼虫取食叶片，成虫吸食果实汁液。

生活习性

成虫有趋光性，喜在嫩叶背面产卵，卵堆叠成块状，上被黄褐色鳞毛。幼虫孵化后先吃掉卵壳和部分鳞毛，后群集于叶背取食表皮及叶肉，4龄后分散为害。老熟幼虫在枯枝落叶、缝隙等荫蔽处化蛹。

发生规律

广州每年发生2代，以蛹越冬。

分　布

广东、广西、四川、云南、台湾、海南。西沙群岛、南沙群岛有分布。

高龄幼虫

蛹

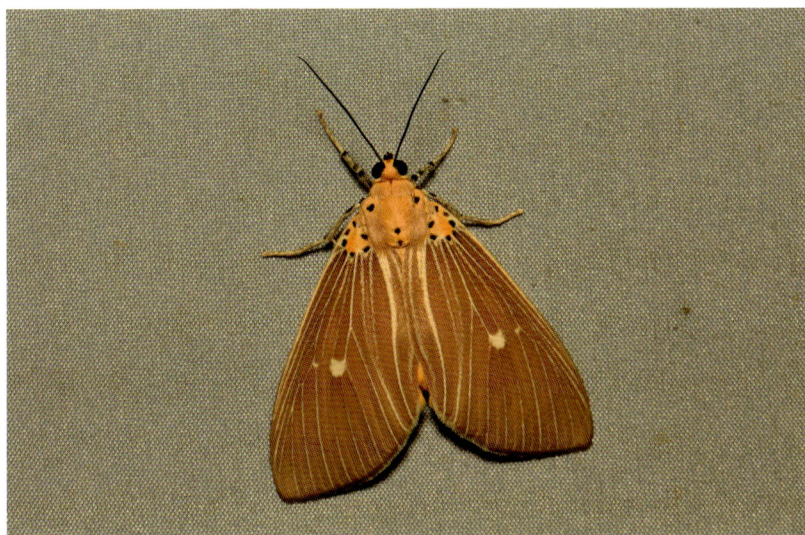

成虫

甘薯天蛾 *Agrius convolvuli* (L., 1758)

鳞翅目 Lepidoptera　天蛾科 Sphingidae

鉴别特征

成虫体长 43~52 mm，翅展 100~120 mm。体翅暗灰色。雄蛾触角栉齿状，雌蛾触角棍棒状，末端膨大。胸部背面有两丛鳞毛构成黑褐色"八"字纹，同时围成灰白色钟状纹。腹部背面灰色，两侧各节有白色、红色、黑色横带 3 条。前翅内、中、外横线各为双条黑褐色波状线，顶角有黑色斜纹，后翅有 4 条黑褐色横带，缘毛白色与暗褐色相杂。低龄幼虫浅绿色，随着龄期的增加，体色加深。老熟幼虫体色有绿色和褐色两型：绿色型幼虫体绿色，头黄绿色，两侧各有 1 条明显的黑纹，腹部 1~8 节各节的侧面有深褐色斜纹，气门、胸足黑色，尾角杏黄色，端部黑色。褐色型幼虫体背土黄色，杂有粗大黑斑，头黄褐色，中部有倒"Y"状黑色纹，两侧各有 2 条黑纹。腹部 1~8 节各节侧面有灰白色斜纹，中、后胸及 1~8

成虫

卵

腹节背面有许多横皱，形成若干小环。气门、胸足、尾角黑色。蛹红褐色。喙长，卷曲呈象鼻状。

寄主植物

甘薯、厚藤、蕹菜、牵牛、月光花、芋芳、葡萄、楸树、扁豆、赤小豆等。

为害症状

以幼虫啃食叶片。

生活习性

成虫昼伏夜出，趋光性强，白天隐藏于作物叶下、草丛等隐蔽处，黄昏后外出活动。卵多散产在叶背边缘处。当食料缺乏时，幼虫能成群迁往邻近田块为害。老熟幼虫四处爬行寻找化蛹场所，一般在较松软的土里化蛹，有时入土困难，便在枯叶下化蛹。

发生规律

华南地区每年发生 4~5 代。以蛹在土下约 10 cm 深处越冬，田间世代重叠。

分 布

国内各省份均有分布。西沙群岛、南沙群岛有分布。

幼虫　　　　　　　　幼虫

成虫吸食草海桐花蜜

厚藤被害状

西沙透翅天蛾 *Cephonodes sanshaensis* Deng & Huang, 2021

鳞翅目 Lepidoptera 天蛾科 Sphingidae

鉴别特征

成虫体长 48~50 mm。头部绿色，复眼棕色，周围环绕着白色毛发；触角呈棒状，棕色，顶端钩状。胸部背板绿色；前后翅大部分区域透明。腹部背面上侧为绿色，下侧带有黑色和暗红色带，组成漏斗形斑纹；腹部腹面白色。幼虫体色多变，前胸背板茶褐色，有褐色颗粒状突，各体节有多条皱褶；背线深绿色，亚背线白色，其下方自后胸至腹部第 7 节两侧各有黑色横斑 1 个。尾角有棕褐色但不显著的小颗粒。蛹初黄褐色，后逐渐变为黑褐色；腹部各节前缘有刻点，尤以第 7、8 节上的刻点大而多。

寄主植物

热带珊瑚岛常见寄主为海岸桐。

为害症状

以幼虫啃食叶片和花蕾。

生活习性

成虫在夜间羽化，飞翔迅速，白天访花。卵产于叶面，每叶可着卵 1~3 粒，每雌可产卵 200 余粒。

发生规律

每年发生 2~3 代，以蛹在土内越冬。具体受气候条件影响。

分 布

目前仅发现于西沙群岛。

高龄幼虫

蛹

成虫

海岸桐被害状

成虫访花

夹竹桃天蛾 *Daphnis nerii* L., 1758

鳞翅目 Lepidoptera　天蛾科 Sphingidae

鉴别特征

成虫体长 42~50 mm，展翅 75~100 mm。体色底色灰绿色或橄榄绿，前胸背板有 1 枚"八"字形的灰白色斑纹，前翅中央有 1 条淡黄褐色的横带，与腹背的黄白色横斑于停栖时条纹相连，近翅端有 1 条斜向的浅色横带，近臀部有 1 枚灰褐色的暗斑。幼虫黄绿色至深绿色，少数金黄色。头深绿色至灰绿色，胸足紫褐色，后胸两侧各有一个大的近圆形眼斑，眼斑周围紫褐色至黑色，中间白色、浅蓝白色至浅蓝色；胴部自第 2 节开始至腹末两侧各有一条白色纵纹，纵纹上下散生白色小圆点；气门椭圆形，黑色。尾突橙黄色，粗短，向下弯曲。化蛹前体色呈黑褐色。蛹长椭圆形，黄褐色，尾部凸尖，末端呈鱼尾状分叉；背面从头至尾、腹面从头至胸各有 1 条黑色纵线。头部两侧各有 1 个黑点，身体两侧各有 7 个黑点。

寄主植物

主要为害夹竹桃、长春花、萝芙木、软枝黄蝉等。

低龄幼虫

高龄幼虫

蛹

为害症状

以幼虫嚼食叶片。低龄幼虫聚集叶背，取食叶肉；大龄幼虫嚼食速度快，食量大，能在数天内将连片植株的叶片啃食光。

生活习性

成虫白天休憩，晚上活动，雌雄交尾后产卵，卵产于叶片背面，散产。成虫飞翔力强，可远距离迁飞。幼虫孵化后取食嫩叶，老熟幼虫爬行至低洼潮湿、枯枝落叶深厚的土表层化蛹过冬。

发生规律

华南地区每年发生 2~3 代，老熟幼虫在土里化蛹越冬。南海诸岛 10~11 月是幼虫为害高峰期。

分 布

山东、福建、台湾、广东、广西、海南、四川、云南等。西沙群岛、南沙群岛有分布。

成虫

夹竹桃被害状

茜草后红斜线天蛾 *Hippotion rosetta* Swinhoe, 1892

鳞翅目 Lepidoptera　天蛾科 Sphingidae

鉴别特征

成虫前翅长 25~26 mm。体棕褐色，胸部背面具 1 条灰线。腹部背面具 1 条深褐色纵线，两侧棕褐色，各具 1 条黄色斑带。前翅正面浅棕色，中室端部具 1 枚黑点，外线深褐色，自前缘起由浅变深，靠外侧尚具 1 条浅褐色斜纹，亚外缘区域黄灰色且具 3 条较细的褐色斜纹，外缘线上部至顶角为棕褐色，具 2 条浅褐色波浪状斜纹；后翅正面大红色，顶区黄色，外缘至亚外缘区域为深褐色，在臀域过渡为烟黄色。

寄主植物

丰花草、白花蛇舌草等茜草科植物。

为害症状

以幼虫啃食叶片。

生活习性

成虫白天活动，有趋光性。卵散产于叶片下。

发生规律

不详。

分　布

贵州、云南、广东、香港、台湾、海南。西沙群岛有分布。

幼虫

云斑斜线天蛾 *Hippotion velox* Fabricius, 1793

鳞翅目 Lepidoptera　天蛾科 Sphingidae

鉴别特征

成虫翅展 54~76 mm，体黑褐色，胸部两侧具黑斑。前翅正面黑褐色，中室浅棕色，端部灰黄色且具 1 枚黑点，亚外缘线区域黄灰色且具 3 条黑褐色波浪状斜纹，其中靠外侧的 1 条斜纹明显粗于其余 2 条，外缘线上部较宽且为灰褐色，臀域黑褐色，具 2 条浅灰色斜纹，外线具 2 条浅棕色斜纹，外缘于各室处分别具 1 枚黑斑。后翅正面黑褐色，顶区黄灰色，臀域由黑褐色过渡为烟黄色。幼虫 5 龄，有绿色型和褐色型；尾角直，相当短而粗壮，均匀变细，覆盖着微小的圆锥形结节；第 5 体节上有眼斑，第 6~11 节上有苍白、狭窄、斜的条纹以及类似的气孔下条纹。

寄主植物

抗风桐、海滨木巴戟、腺果藤、胶果木、叶子花、海芋、番薯等。

为害症状

以幼虫啃食叶片，发生数量多时，可将抗风桐嫩叶全部吃光。

成虫

生活习性

成虫白天访花和产卵，晚上趋光性较弱。幼虫啃食叶片，老熟幼虫卷叶化蛹。

发生规律

成虫5~6月及12月出现，周期性暴发。

分 布

陕西、四川、贵州、云南、广东、广西、香港、台湾、海南。西沙群岛有分布。

绿色型幼虫

蛹

褐色型幼虫

抗风桐被害状

膝带长喙天蛾 *Macroglossum sitiene* Walker, 1856

鳞翅目 Lepidoptera　天蛾科 Sphingidae

鉴别特征

　　成虫翅展 46~56 mm。体棕褐色，头部和胸部背面具 1 条深褐色纵线，腹部两侧中部各具 1 列深黄色斑块，腹部末端毛为三丛花瓣状。前翅正面基部浅棕色，内线深棕色，中线具 1 条黑褐色宽斑带，底部呈近直角延伸至内线处，中线与外线之间的区域灰褐色，外线具 2 条深褐色条纹，靠外侧的条纹明显粗于靠内侧条纹，亚外缘线尚具 1 条浅灰色条纹并于 M1 室处具 1 枚黑褐色椭圆形斑块，顶角具 1 枚黑褐色圆斑。后翅正面明黄色，顶区淡黄色，基部具 2 枚黑褐色斑块，外缘至亚外缘区域为黑褐色，臀域橙黄色。幼虫 5 龄，体背面绿色，大多数身体节段的前端有扩大的、紧密间隔的黄点，形成一种横跨身体背部的横向、折断的黄线；背外侧线在头部区域附近是黄色的，但在后部区域逐渐变为白色且变最粗；全身也有均匀分布的黄点，背部的黄点比侧面的黄点大；气门棕黄色；尾角稍向上弯曲，通体饰有短刺，近端半部为淡蓝色，而远端为叶绿色；老熟幼虫进入预蛹状态时，变为紫棕色，黄点强度增加。蛹长椭圆形，腹面观从喙鞘的基部到翅尖有 1 条笔直的黑色条纹，侧面观每个气孔都被黑色包围。背面观头部区域有 1 个黑色的对称标记。

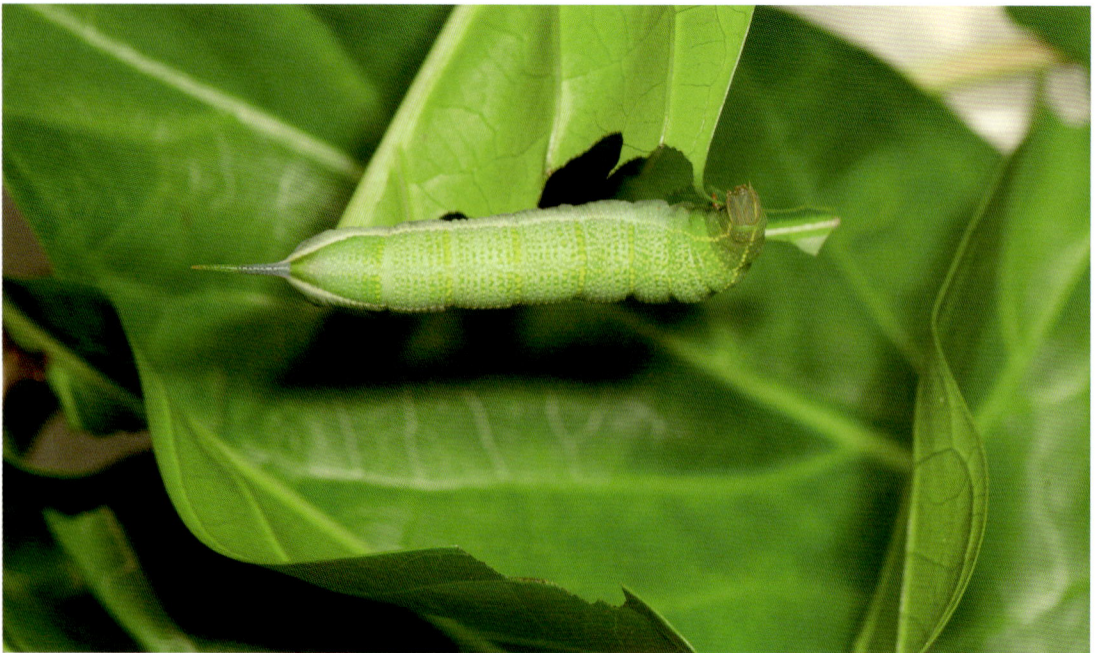

幼虫取食海滨木巴戟

寄主植物

海滨木巴戟、鸡屎藤、耳叶鸡屎藤、羊角藤、六月雪等。

为害症状

以幼虫啃食叶片。

生活习性

成虫白天访花和产卵，晚上趋光性较弱。幼虫啃食叶片，老熟幼虫卷叶化蛹。

发生规律

成虫5~6月及12月出现，周期性暴发。

分　布

福建、广东、广西、云南、香港、台湾、海南。西沙群岛有分布。

预蛹

蛹

成虫访飞机草的花

柚木驼蛾 *Hyblaea puera* (Cramer, 1777)

鳞翅目 Lepidoptera　驼蛾科 Hyblaeidae

鉴别特征

　　成虫翅展 30~40 mm。头、胸部浅灰色至红褐色，腹部暗褐色具橙黄色环带。前翅暗褐色，具 1 个圆弧形灰色或红褐色斑纹，翅下面各具 1 个褐色"箭头状"大斑纹。后翅暗褐色，中部有 1 条边缘橙红色横向弯曲的黄带，后缘近臀角处有 1 个橙红色较小斑纹，近前缘及顶角处浅褐色具黑点，臀角处橙色具 2 个黑斑。幼虫 5 龄，初孵幼虫乳白色，头壳黑色，取食后体呈绿

低龄幼虫

单叶蔓荆被害状

色；2~3 龄幼虫灰黑色；4 龄及 5 龄幼虫个体间出现深色型和浅色型两种不同的色斑类型，其中深色型虫体通体黑色，浅色型体色呈灰黑色至黑色，背面均具有橙色或赭色的纵带，两侧具有白色纵带。蛹长 15~20 mm，初为浅绿色，后变红褐色，近羽化时黑褐色。

寄主植物

柚木、单叶蔓荆、伞序臭黄荆、海南石梓、白骨壤、白毛紫珠、裸花紫珠、小叶牡荆等。

为害症状

以幼虫啃食叶片，严重时可将叶片取食至仅剩主脉和少数侧脉。

生活习性

成虫夜间羽化，白天隐藏在林内杂草、落叶等暗处不动。夜间活动，有一定的趋光性。产卵前需补充营养和水分，卵散产于叶片上，以叶背为多。繁殖能力强，雌成虫一生仅交配 1 次，平均寿命 13 天，平均产卵量为 500 粒，最大可达 1000 粒。

发生规律

在海南每年发生 12 代。

分　布

湖北、广东、云南、海南。西沙群岛、南沙群岛有分布。

高龄幼虫

吐丝结茧化蛹

成虫

六带桑舞蛾 *Choreutis sexfasciella* Sauber, 1902

鳞翅目 Lepidoptera　舞蛾科 Choreutidae

鉴别特征

成虫体长约 4 mm。触角丝状，黑白相间。头胸背板黄色，前翅红褐色底，中后部具杂乱的黑色、灰色斑纹。翅面分布银蓝色线条，近基部有 2 列银蓝色的横带，第 2 列横带下方有黄褐色的山峰状纹，前翅中央的横带及近外缘的波状横带较明显。后翅为黑褐色，无其他翅纹。老熟幼虫体浅绿色，头部淡绿色。蛹初浅绿色，羽化前变为褐色。蛹外被梭形薄丝茧。

寄主植物

金叶榕、垂叶榕、榕树等。

为害症状

以幼虫啃食叶片。

生活习性

幼虫在嫩叶的正面中间以丝连缀边缘做薄网，在薄网中取食叶肉，从叶尖开始取食，并排粪于薄网上。

成虫

发生规律

每年发生多代。

分　布

福建、台湾、广东、香港、海南。西沙群岛、南沙群岛有分布。

幼虫为害榕树叶片

幼虫

飞扬阿夜蛾 *Achaea janata* (L., 1758)

鳞翅目 Lepidoptera　夜蛾科 Noctuidae

鉴别特征

　　成虫翅展 51~54 mm。头、胸褐色，腹部及下胸稍淡。前翅浅灰褐色，基线黑色外斜，内线双线呈黑棕色波浪形，外斜，肾纹前、后端各有 1 个黑点，中线暗褐色波浪形，外线黑色，与中线近平行，内侧有 1 条暗褐色窄带，亚端线灰白色波浪形，端线黑色；后翅棕黑色，基部灰褐色，中部有一楔形白带，外缘有 3 个白斑，臀角有一窄纹。末龄幼虫第 1 腹节常弯曲成尺蠖状，第 8 腹节上具隆起，致第 7~9 腹节微连成峰状，第 1 对腹足特小，第 2 对略小，3~4 对发达；头部褐色，每侧具 6 个大小不等的黄白斑，额灰色，中央生暗色纵纹；体色多变，浅红色至暗红色，背线褐色，气门上线黄褐色且宽，腹面黄褐色；腹足黄色。蛹褐色具白粉，头部有 1 对短刺。

寄主植物

　　蓖麻、飞扬草。

为害症状

　　幼虫啃食叶片。

幼虫

生活习性

成虫忌光，晚上活动，趋光性很弱。在广州幼虫于6月上中旬发生，初龄幼虫遇惊扰即吐丝下垂。老熟幼虫吐丝卷叶化蛹，或钻入疏松的土内化蛹。

发生规律

华南地区每年发生4~5代，以蛹在土中或草堆中越冬。

分　布

山东、湖北、湖南、福建、广东、广西、云南、台湾等。西沙群岛有分布。

蛹

成虫

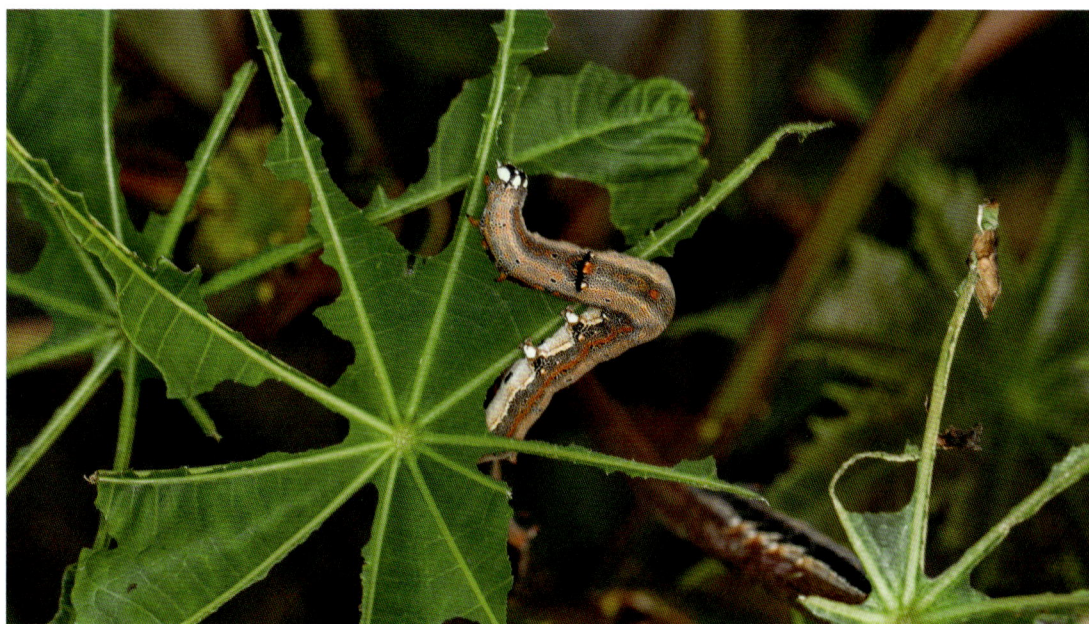

蓖麻被害状

草地贪夜蛾 *Spodoptera frugiperda* (J. E. Smith, 1797)

鳞翅目 Lepidoptera 夜蛾科 Noctuidae

鉴别特征

成虫翅展宽度 32~40 mm，前翅为棕灰色，后翅为白色。雄虫前翅呈灰色和棕色阴影，有较多花纹与 1 个明显的白点；雌虫的前翅没有明显的标记，后翅为具有彩虹的银白色。幼虫头部有一倒"Y"字形的白色缝线，背中线和气门线黑色。腹部末节有呈正方形排列的 4 个黑斑。

寄主植物

食性广泛，可为害禾本科（玉米、水稻、甘蔗）及菊科、十字花科等 350 种以上植物。

为害症状

以幼虫啃食叶片和果穗。

生活习性

成虫白天休憩，晚上活动。成虫羽化的当晚一般不产卵，在 3~4 天的预产卵期后，雌蛾通常在生命结束前的 4~5 天内将大部分卵产下。卵常产于叶片背面、成块状。1~3 龄幼虫通常在夜间出来为害，多隐藏在叶片背面取食，可吐丝下垂，借助风扩散转移到周边的植株上继续为害。

发生规律

成虫可长距离迁飞，一个世代可迁徙近 500 km。在热带地区常年繁殖，温带地区随纬度升高世代数递减。

分　布

除青海、新疆、吉林、黑龙江外，国内各省份均有发生。西沙群岛、南沙群岛有分布。

卵块

"Y"字型斑

正方形排列的4个黑斑

成虫（左雌右雄）

低龄幼虫

高龄幼虫

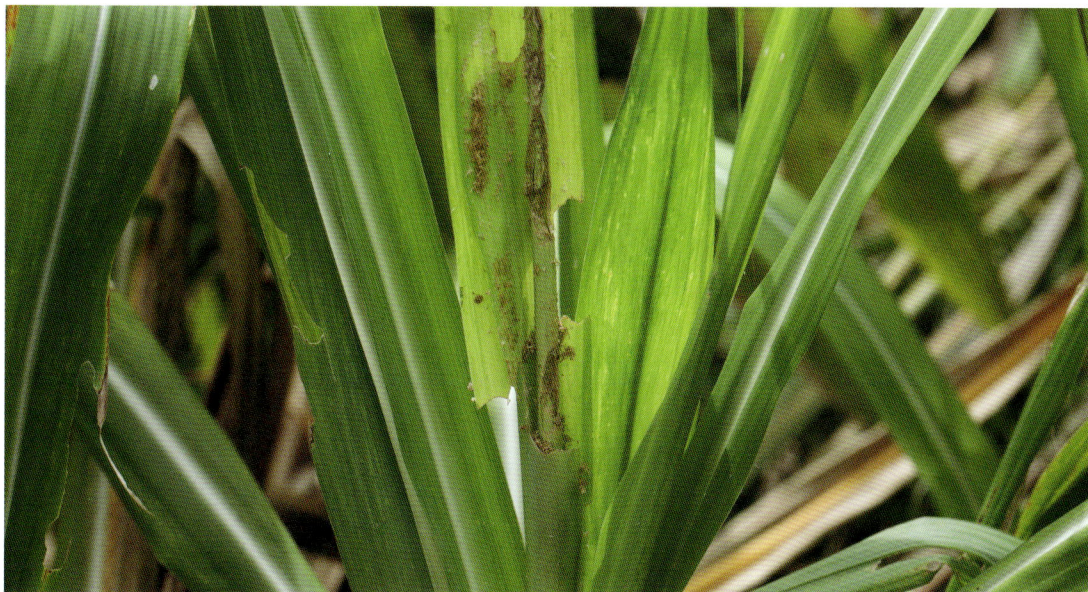

甘蔗心叶被害状

斜纹夜蛾 *Spodoptera litura* (Fabricius, 1775)

鳞翅目 Lepidoptera　夜蛾科 Noctuidae

鉴别特征

成虫体长 14~20 mm，翅展 35~40 mm，体深褐色。胸部背面有白色丛毛，腹部侧面有暗褐色丛毛。前翅灰褐色，环纹不显，自环纹处向后至后缘为褐灰色斑；肾纹黑褐色，内侧灰黄色，外侧上角前方有一橘黄色斑，环纹与肾纹间有斜纹，由 3 条黄白色线组成。后翅银白色，半透明。卵块产，单粒卵半球形，初产黄白色，后转淡绿色，孵化前紫黑色。幼虫共 6 龄，少数 7~8 龄；老熟幼虫头部黑褐色，胸腹部颜色因寄主和虫口密度不同而异，有土黄色、青黄色、灰褐色或暗绿色，背线、亚背线及气门下线均为灰黄色及橙黄色；从中胸至第 9 腹节在亚背线内侧有三角形黑斑 1 对，其中以第 1、7、8 腹节的最大；胸足近黑色，腹足暗褐色。蛹赤褐色至暗褐色，腹部第 1~3 节背面光滑，第 4~7 节背面近前缘处密布圆形刻点；气门黑褐色，腹部末端有 1 对弯曲的粗刺。

寄主植物

寄主广泛，可为害十字花科、茄科、豆科等 99 科 290 余种植物；在珊瑚岛为害滨豇豆及草坪草和蔬菜等。

卵块

成虫（左雌右雄）

为害症状

以幼虫啃食叶片、花蕾、果实等，初孵幼虫群集为害，2龄后逐渐分散取食叶肉。

生活习性

成虫昼伏夜出，有趋光性，对糖、酒、醋液及发酵物质有趋性。卵多产在植株中部叶片背面的叶脉分叉处，每雌可产卵8~17块，1000~2000粒，最多可达3000粒以上。大发生时幼虫有成群迁移的习性，有假死性。幼虫食性杂，且食量大；高龄幼虫进入暴食期后，白天躲在阴暗处或土缝中，多在傍晚后出来为害，老熟幼虫在浅土内或枯枝败叶下化蛹。

幼虫取食厚藤叶片

发生规律

华南地区每年发生6~9代，在华南地区无越冬现象，终年繁殖。

分　布

国内各省份均有分布。西沙群岛、南沙群岛有分布。

高龄幼虫取食龙珠果花

椰子织蛾 *Opisina arenosella* Walker, 1864

鳞翅目 Lepidoptera 织蛾科 Oecophoridae

鉴别特征

雄成虫体长 7~12 mm，翅展 18~29 mm，雌成虫稍大。体灰白色。头顶部被宽大平伏的灰白色鳞片，下唇须细长，向上伸向头的前方。胸部背面灰白色，胸部及腹部腹面被平伏白色鳞片。前翅长椭圆形，底色灰白色，散布有零星的黑色鳞片，中室中部、中室端部、亚外缘区的黑色鳞片形成 3 个小黑点，前缘在肩区为黑色，由前缘基部向外约 2/3 处起、沿外缘至后缘末有 10 个黑褐色斑点，且逐渐变小；缘毛长，灰白色；后翅底色灰白色。卵长椭球形，半透明，初产浅乳黄色，后颜色渐深至红褐色，表面具纵横网格纹。老龄幼虫乳黄色至淡褐色。体背及体侧具 5 条红棕色至褐色纵带；腹部各节背侧带上方各有 2 个褐色小点，体背 4 个小点呈长方形排列。蛹长圆筒形，初化蛹时浅黄褐色，后黄褐色，羽化前深褐色；蛹背面第 2~4 腹节前缘具梳状列。

卵块

初孵幼虫

寄主植物

霸王棕、贝叶棕、老人葵、大王椰子、椰子、蒲葵、中东海枣等。

为害症状

以幼虫啃食叶肉，严重时叶肉大部分被吃光，后期造成叶片卷曲、干枯，形似火烧。

生活习性

成虫白天静伏在老叶背面，晚间活跃、不停爬动并飞翔。卵成堆产于叶片上。幼虫主要在中层和下层老叶叶片背面皱褶处为害，初孵幼虫聚集取食，中龄后逐渐分散至周围或相邻的叶片为害，在叶背面形成不规则蛀道，蛀道内粪便与其吐的丝交织，幼虫隐藏于蛀道内取食叶肉。老熟幼虫在蛀道周围聚集、吐丝交织形成茧室并化蛹。

发生规律

每年发生 4~5 代，以高龄幼虫越冬。

分　布

福建、广东、海南。西沙群岛有分布。

幼虫在粪道下取食椰子叶片

幼虫取食椰子叶片

成虫

蛹

椰子叶被害状

霸王棕叶被害状

膜翅目

红火蚁 *Solenopsis invicta* Buren, 1972

膜翅目 Hymenoptera　蚁科 Formicidae

鉴别特征

工蚁体长 2~9 mm，多型。上颚 4 齿，触角 10 节，身体红色至棕色，后腹部黑色。头部近正方形至略呈心形。头顶中间轻微下凹，不具带横纹的纵沟；唇基中齿发达，唇基中刚毛明显；复眼椭圆形；触角柄节长，兵蚁柄节端近及头顶，小型工蚁柄节端可伸达或超过头顶；前胸背板前侧角圆至轻微的角状；后腹柄结略宽于前腹柄结，前腹柄结腹面可能有一些细浅的中纵沟，柄腹突小，平截，后腹柄结后面观长方形，顶部光亮。虽同一蚁巢个体间颜色比较一致，但种内颜色变化大。在同一蚁巢中，小型工蚁颜色深于大型工蚁。

生境及危害

喜在路旁荒地、公园草坪、地垄田埂等地方建巢，也可以将蚁巢建在室内的墙缝中、地毯下、衣橱以及阁楼的箱子里。会对入侵地农林生产、人畜安全、公共设施以及生物多样性等造成严重危害。能取食植物种子和直接为害植物。还会破坏农田灌溉系统、电力设备和危害堤坝安全等。人类被兵蚁蜇咬后，皮肤会形成一个白色的小脓包，愈合后，也会留下永久性的疤痕。如果行人被大量兵蚁蜇咬，可能会导致昏迷、休克甚至死亡。

蚁巢

蚁巢

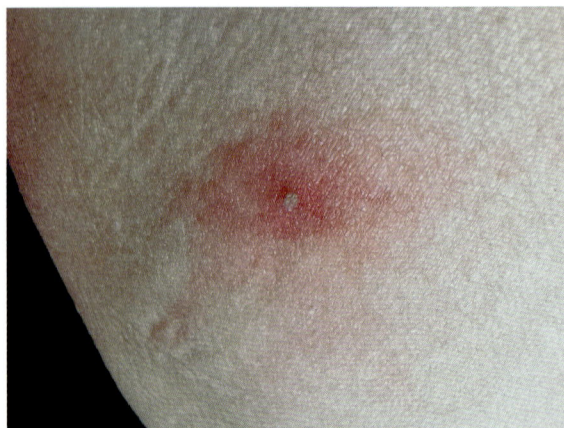

红火蚁咬后化脓

生活习性

社会性昆虫。极具攻击性，触碰其巢穴会引发大量的红火蚁涌出进行攻击，一个成熟的红火蚁巢大概有 20 万~50 万头蚂蚁。红火蚁通过释放大量的毒液进行防御。杂食性，取食各类植物、种子、无脊椎动物，并且会攻击栖息地其他脊椎动物。

发生规律

华南地区以南常年发生。

分　布

起源于南美洲巴拉纳河流域的巴西、巴拉圭、阿根廷等国家。我国分布于浙江、福建、湖南、广西、广东、海南、云南、重庆、台湾、香港、澳门等地。西沙群岛、南沙群岛有分布。

工蚁访花

工蚁放牧蚜虫

工蚁吸食扶桑绵粉蚧分泌物

长足捷蚁 *Anoplolepis gracilipes* (Smith, 1857)

膜翅目 Hymenoptera 蚁科 Formicidae

鉴别特征

工蚁体长 3.6~5 mm，身体细长，黄色至棕色，体壁薄。体表被黄褐色毛，触角柄节、中后足股节棕褐色；腹部黄褐色。

生境及危害

地下筑巢，巢位于稀林地、林缘、路边及林间空地。会入侵城市和农业生态系统，可以迅速破坏当地的生物多样性并降低其生态承受能力。在作物下筑巢破坏植物根系，而且喷射蚁酸对农业工人皮肤和眼睛造成伤害。

生活习性

社会性昆虫。食性杂，食物为小昆虫、蜜露和植物分泌物等；攻击力强，不仅能捕食其他蚂蚁种类，还能取食或杀死蜗牛、螃蟹、鸟类等无脊椎动物和脊椎动物。

工蚁取食花蜜

发生规律

华南地区以南常年发生。

分 布

原产于非洲，全世界大部分热带和亚热带地区广布。我国分布于广东、广西、云南、福建、海南、台湾、香港、澳门等地。西沙群岛、南沙群岛有分布。

工蚁放牧蚜虫

工蚁捕猎昆虫

点马蜂 *Polistes stigma* (Fabricius, 1793)

膜翅目 Hymenoptera　胡蜂科 Vespidae

鉴别特征

工蜂体长 21~25 mm。额唇基沟高于唇基侧窝穴；前胸背板的前斜面腹侧无窝穴；腹部第 2 节基部逐渐向后隆起，前面呈具坡度的斜面，从侧面观腹缘略弧形弯曲；前翅缘室端部具黑褐色斑；身体大面积黄色或红色；体表刻点弱，不明显；并胸腹节横皱不发达。

生境及危害

成虫捕食各种节肢动物。雌蜂身上有 1 根长螫针，在遇到攻击或不友善干扰时，会群起攻击，可以致人出现过敏反应和毒性反应。

成虫

生活习性

社会性昆虫，有简单的社会组织，常常筑造一个纸质的吊钟形或层状的蜂巢，进行集体生活。有趋光性，飞翔能力较强。成虫主要捕食各类节肢动物。

发生规律

热带珊瑚岛常年发生。

分　布

我国分布于台湾、海南、重庆、四川、云南、西藏。西沙群岛、南沙群岛有分布。

成虫访草海桐花

黑棕马蜂 *Polistes (Polistella) brunus* (Nguyen and Carpenter, 2017)

膜翅目 Hymenoptera　胡蜂科 Vespidae

鉴别特征

体少有黄色区域，唇基整个或绝大部分为红棕色，足跗节第 1~4 节、并胸腹节亚缘脊及腹瓣为象牙白色；额唇基沟高于唇基侧窝穴；前胸背板的侧区前侧近中部无窝穴；前翅缘室端部具黑褐色斑；体表具粗糙的刻点，并胸腹节具发达的横皱腹部第 2 节腹板向后逐渐隆起，侧面观腹缘略弧形；第 3 节端部条带较第 4 节的宽。

生境及危害

成虫捕食各种节肢动物。雌蜂身上有一根长螫针，在遇到攻击或不友善干扰时，会群起攻击，可以致人出现过敏反应和毒性反应。

生活习性

社会性昆虫，有简单的社会组织，常常筑造一个纸质的吊钟形或层状的蜂巢，进行集体生活。有趋光性，飞翔能力较强。成虫主要捕食各类节肢动物。

工蜂捕食昆虫

发生规律

热带珊瑚岛常年发生。

分 布

我国分布于海南。国外分布于越南。西沙群岛有分布。

工蜂将昆虫带回蜂巢

蜂巢

第三章

有害螨类

真螨目

木槿瘿螨 *Eriophyes hibisci* (Nalepa, 1906)

真螨目 Acariformes　瘿螨科 Eriophyidae

鉴别特征

雌螨体长 160~185μm，宽 35~39μm；呈蠕虫形，白色至淡黄色；喙弯向下，长 20.8μm。头胸板长 19~22μm，宽 23~25μm，呈三角形。中线及侧中线模糊，前足长 32μm；后足长 24μm；羽状爪放射枝 5 根，长 5μm。

寄主植物

锦葵科的木槿属 *Hibiscus*、秋葵属 *Abelmoschus*、黄槿属 *Talipariti* 和锦葵属 *Malva*。

为害症状

成螨和若螨集中于植物幼嫩组织为害，刺吸汁液导致叶片瘿状突起或卷曲，叶片及嫩枝严重受害后，使植株生长受阻、叶片畸形或枯黄。为害可导致叶面、叶背、叶柄和花萼部分起虫瘿，当虫瘿老化时，螨转移到另外的嫩叶片为害，不为害健康的老叶。

叶正面为害状

生活习性

主要寄生于木槿属、黄槿属植物的叶片、嫩芽等部位，通过刺吸植物汁液诱导虫瘿（畸形增生组织），虫瘿多表现为叶片毛毡状瘿斑或组织肿胀，影响植物光合作用与正常生长。

发生规律

活动期与宿主生长旺季同步，尤其在温暖湿润季节（如春夏季）繁殖活跃，冬季（旱季）可能以成螨或若螨形态在植物裂缝或虫瘿内越冬；以孤雌生殖为主，卵多产于虫瘿内部或植物组织缝隙中，孵化后经历 2 个若螨期（第 2 若螨期称为"拟蛹"），最终发育为成螨；发育周期短，在 20~28℃ 的适宜温度下，从卵到成螨仅需 1~2 周；偏好温暖湿润环境，最适温度为 18~25℃，湿度为 60%~80%；主要依赖风媒传播，容易随苗木运输而传播；抗逆性强，对化学药剂易产生抗性。

分 布

巴西、夏威夷以及南太平洋岛国（如汤加群岛、斐济岛）、澳大利亚。我国澳门、海南。目前三沙市有分布。

叶背面为害状

为害黄槿叶片形成虫瘿

朱砂叶螨 *Tetranychus cinnabarinus* (Boisduval, 1867)

真螨目 Acariformes　叶螨科 Tetranychidae

鉴别特征

雌成螨卵圆形，体长 0.38~0.55 mm，体色多为红色、锈红色或深褐色。体背两侧具深褐色块状、条形或倒"山"字形斑纹，从头胸部延伸至腹部末端，有时斑纹分隔成 2 块，其中前一块大些；雌成螨背毛 24~26 根，雄成螨背毛 26 根。雄成螨略呈菱形，稍小，体长 0.3~0.4 mm，腹部瘦小，末端较尖，颜色多为淡黄绿色或橙红色。卵为球形，直径约 0.13 mm，初产时无色透明，孵化前渐变为橙红色或淡红色。幼螨近圆形，体长 0.05~0.2 mm，足 3 对，初孵时淡红色或透明，吸食汁液后体色逐渐变深。幼螨蜕皮后为若螨，比幼螨稍大，略呈椭圆形，体色较深，体侧开始出现较深的斑块；足 4 对。

寄主植物

多种农作物、果树以及观赏植物，如棉花、小麦、柑橘、月季、海棠、菊科植物及仙人掌科等上百种植物。在珊瑚岛上为害草海桐、榄仁叶片。

成螨、若螨取食草海桐叶片

为害症状

成螨和若螨刺吸叶片汁液，导致叶片失绿，出现灰白色或黄白色斑点，严重时叶片卷曲、皱缩、枯焦脱落；有时在叶背吐丝结网，阻碍光合作用，加速叶片枯萎；幼叶受害后生长受阻，整株易衰弱。

生活习性

栖息于叶背为害。一年中5~6月（第一代孵化盛期）和8~9月（秋季干旱期）是为害高峰；高温干燥环境（气温20~30℃）加速繁殖，连续阴雨可抑制虫口数量。

发生规律

兼具孤雌生殖和有性生殖，繁殖能力极强，20~30℃环境下5天即可完成一代，一年可繁殖10~30代。

分　布

我国分布于华南、西北、西南、东北等地。西沙群岛、南沙群岛有分布。

草海桐被害状

第四章

有害软体动物

非洲大蜗牛 *Lissachatina fulica* (Bowdich, 1822)

别名：褐云玛瑙螺、东风螺、菜螺、花螺

柄眼目 **Stylommatophora** 玛瑙螺科 **Achatinidae**

鉴别特征

中大型陆栖蜗牛。成螺贝壳呈长卵圆形，有光泽，高约 13 cm，宽约 5 cm。螺体变化大，一般为黑褐色，具褐色粗条纹或焦褐色雾状花纹，螺层 6.5~8 个，螺旋部呈圆锥形，壳口长扇形，外唇薄且锋利易碎，壳内淡紫色或浅蓝色，无脐孔；足部肌肉发达，背面暗棕色，黏液无色。卵粒圆形或椭圆形，长 4.5~7.0 mm，宽 4.0~5.0 mm，外壳为石灰质，乳白色或淡青黄色。

生境及危害

栖息于菜地、农田、果园、公园、橡胶园、杂草丛、阴暗潮湿的环境以及腐殖质的土壤里、枯草堆、洞穴中以及枯枝落叶和石块下。为害 500 多种植物，包括农作物、林木、果树、蔬菜、花卉等，偏好肉质的叶、水果和幼嫩植物，被害叶片成孔洞，或幼芽和嫩枝被其咬断，严重危害农林生产。也是许多人畜寄生虫和病原菌的中间宿主，传播结核病和嗜酸性脑膜炎。已被列入《中国第一批外来入侵物种名单》。

成螺

生活习性

　　发生隐蔽，昼伏夜出，喜欢杂草丛生、阴暗潮湿的环境。雌雄同体，异体交配，繁殖力强。
每年可产卵 4 次，每次产卵 150~300 粒。卵孵化后，经 5 个月性发育成熟，成螺寿命长，一
般为 5~6 年，最长可达 9 年。具较强适应环境的能力，当环境条件不适宜时将身体缩回壳中
并分泌出黏液形成保护膜，封住壳口，以克服不良环境的干扰。等到环境转好后再溶解保护膜出来活动。

分　布

　　原产于非洲东部，但已通过贸易、食物资源和意外引入被广泛引入世界其他地区。我国分布于福建、广东、广西、云南、海南、台湾和香港等地。西沙群岛、南沙群岛有分布。

成螺交配

成螺取食狗牙根

同型巴蜗牛 *Bradybaena similaris* (Ferussac, 1822)

柄眼目 Stylommatophora　巴蜗牛科 Bradybaenidae

鉴别特征

　　贝壳中等大小，壳质厚，坚实，呈扁球形。壳高 12 mm、宽 16 mm，有 5~6 个螺层。壳面呈黄褐色或红褐色，有稠密而细致的生长线。体螺层周缘或缝合线处常有一条暗褐色带。壳顶钝，缝合线深。壳口呈马蹄形。脐孔小而深，呈洞穴状。个体之间形态变异较大。卵圆球形，直径 2 mm，乳白色有光泽，渐变淡黄色，近孵化时为土黄色。

成螺

生境及危害

生活于潮湿环境，适应性极广。为害园林花卉以及白菜、萝卜、甘蓝、花椰菜等多种蔬菜。初孵幼螺取食叶肉，留下表皮，稍大个体则用齿舌将叶、茎磨成小孔或将其吃断。

生活习性

适应性极广。喜生于潮湿的灌木丛和草丛中、田埂上、乱石堆里、枯枝落叶下、作物根际土块和土缝中以及温室、菜窖、畜圈附近的阴暗潮湿、多腐殖质的环境。每年繁殖 1 代，卵产于根际疏松湿润的土中、缝隙中、枯叶或石块下。每个成体可产卵 30~235 粒。成螺大多蛰伏在作物秸秆堆下面或冬作物的土中越冬，幼体也可在冬作物根部土中越冬。

分　布

我国分布于黄河流域、长江流域及华南地区。西沙群岛、南沙群岛有分布。

成螺取食乌蔹莓花

参考文献

蔡洪月，刘楠，温美红，等，2020. 西沙群岛银毛树 (*Tournefortia argentea*) 的生态生物学特性 [J]. 广西植物，40(3): 375-383.

邓双文，2017. 中国西沙群岛植物传播机理的研究 [D]. 广州：中国科学院华南植物园.

广东省植物研究所西沙群岛植物调查队，1977. 我国西沙群岛的植物和植被 [M]. 北京：科学出版社.

国家海洋局 908 专项办公室，2005. 海岛调查技术规程 [M]. 北京：海洋出版社.

华南农业大学林学系，广州市园林局，1985. 花木病虫害防治 [M]. 广州：广东科技出版社：396-397.

简曙光，任海，2017. 热带珊瑚岛礁植被恢复工具种图谱 [M]. 北京：中国林业出版社.

李玉霞，尚春琼，朱珣之，2019. 入侵植物马缨丹研究进展 [J]. 生物安全学报，28(2): 103-110.

马金双，2023. 中国外来入侵植物志（全 5 卷）[M]. 上海：上海交通大学出版社.

马金双，2013. 中国入侵植物名录 [M]. 北京：高等教育出版社.

童毅，简曙光，陈权，等.2013. 中国西沙群岛植物多样性 [J]. 生物多样性，21(3): 364-374

万方浩，刘全儒，谢明，2012. 生物入侵：中国外来入侵植物图鉴 [M]. 北京：科学出版社.

万方浩，郭建英，王德辉，2002. 中国外来入侵生物的危害与管理对策 [J]. 生物多样性，10(1): 119-125.

王忠，董仕勇，罗燕燕，等，2008. 广州外来入侵植物 [J]. 热带亚热带植物学报，16(1): 29-38.

吴晓雯，罗晶，陈家宽，等，2006. 中国外来入侵植物的分布格局及其与环境因子和人类活动的关系 [J]. 植物生态学报，30(4): 576-584.

徐淼锋，廖力，张卫东，2008. 值得关注的澳门园林植物害螨——木槿瘿螨 [M]. 植物检疫 22(3):165-166.

邢福武，李泽贤，叶华谷，等，1993. 我国西沙群岛植物区系地理的研究 [J]. 热带地理，13(3):250-257.

邢福武，吴德邻，李泽贤，等，1993. 西沙群岛植物资源 [J]. 植物资源与环境，2(3):1-6.

邢福武，吴德邻，李泽贤，1994. 我国南沙群岛的植物与植被概况 [J]. 广西植物，14(2):151-156.

闫小玲，刘全儒，寿海洋，等，2014. 中国外来入侵植物的等级划分与地理分布格局分析 [J]. 生物多样性，22(5)：667-676.

颜碧玥，佟富春，况露辉，等，2020. 有害植物李花蟛蜞菊扩张对西沙岛屿陆生软体动物的影响 [J]. 生物多样性，28(10)：1182-1191.

杨平澜，1982. 中国介虫分类概要 [M]. 上海：上海科技出版社．

虞依娜，彭少麟，黎建力，等，2009. 西樵山国家森林公园有害植物现状分析 [J]. 生态环境学报，18(1)：299-305.

虞依娜，叶有华，彭少麟，等，2009. 西樵山国家森林公园有害植物控制策略研究 [J]. 生态环境学报，18(3)：1194-1196.

赵焕庭，王丽荣，宋朝景，2014. 南海诸岛灰沙岛淡水透镜体研究述评 [J]. 海洋通报，33(6)：601-610.

郑景明，马克平，2010. 入侵生态学 [M]. 北京：高等教育出版社．

中国科学院动物所，浙江农业大学，1978. 天敌昆虫图册 [M]. 北京：科学出版社．

中国科学院中国植物志编辑委员会，1979. 中国植物志 [M]. 北京：科学出版社．

中国植被编辑委员会，1980. 中国植被 [M]. 北京：科学出版社．

BRYSON CT, CARTER R, 1993. Cogongrass, Imperata cylindrica, in the United States[J].Weed Technology, 7(4): 1005-1009.

CAI H, LU H, TIAN Y, et al, 2020. Effects of invasive plants on the health of forest ecosystemson small tropical coral islands [J]. Ecological Indicators, 117: 106656.

HILL, DENNISS S,1983. Agricultural insect pests of the tropics and their control [M]. 2nd ed. London: Alden Press .

HUSSAIN N, ABBASI T, ABBASI S A, 2016. Vermiremediation of an invasive and perniciousweed salvinia (*Salvinia molesta*) [J]. Ecological Engineering, 91: 432-440.

KAMARAJ M, SRINIVASAN N R, ASSEFA G, et al, 2020. Facile development of sunlit ZnO nanoparticles-activated carbon hybrid from pernicious weed as an operative nano-nanoadsorbent forremoval of methylene blue and chromium from aqueous solution: Extended application in tanneryindustrial wastewater [J]. Environmental Technology & Innovation, 17: 100540.

LOWE S, BROWNE M, BOUDJELAS S, et al, 2000. 100 of the world's , worst invasive alien species [J]. Journal of Experimental Marine Biology and Ecology, 258: 3954.

LUO X, LIU N, LAMBERS H, et al, 2024. Plant invasion alters soil phosphorus cycling ontropical coral islands: Insights from *Wollastonia biflora* and *Chromolaena odorata* invasions [J].Soil Biology and Biochemistry, 193: 109412.

WU S, SUN H, TENG Y, et al, 2010. Patterns of plant invasions in China: Taxonomic, biogeographic, climatic approaches and anthropogenic effects [J]. Biological Invasions, 12(7):2179-2206.

附录 1　热带珊瑚岛有害生物防控

南海诸岛由 200 多个岛屿、沙洲、礁滩组成。根据地理位置，分为东沙群岛、中沙群岛、西沙群岛、南沙群岛。

南海诸岛的气候属典型的热带和赤道带海洋季风气候，日照时间长，辐射强烈、热量充足，终年高温，湿度较大，云量多，雨量较丰富，夏、秋、冬季偶有台风，季风盛行。年平均气温及雨量因各群岛所处的地理位置不同而有差异。南沙群岛的太平岛年平均气温 27.9℃，年平均降水量约 1842 mm，最多达 2144 mm；西沙群岛的永兴岛年平均气温 26.5℃，年平均降水量 1506 mm，每年 6~11 月为雨季，12 月至翌年 5 月为旱季，常风大，年均风速达 5.2 m/s；东沙群岛年平均气温 25.6℃，年平均降水量 1357 mm，最高达 2011 mm，大部分集中在 6~11 月。

南海诸岛各岛屿的形状多为圆形或椭圆形，地势多为边缘高、中央低。土壤主要由第四纪珊瑚、贝壳碎屑砂和近期海浪作用堆积起来的珊瑚、贝壳碎屑沙和鸟粪发育而成的磷质石灰土和滨海盐土组成，pH 值 8~10。

根据《中国南海诸岛植物志》记载，南海诸岛的维管束植物共计有 93 科 305 属 452（含变种），其中蕨类 3 科 3 属 4 种，裸子植物 4 科 4 属 5 种（含 1 变种），被子植物 86 科 295 属 443 种（含变种）。

有害生物是指对人类健康、农业生产、生态环境或经济活动造成直接或间接危害的生物。其定义因领域和情境不同而有所差异，但核心特征是对人类利益产生负面影响。我国南海珊瑚岛礁自然环境独特且恶劣，生物多样性较低，生态系统极为脆弱。有害植物的危害是珊瑚岛礁植被退化的重要因素之一。

一、有害生物危害现状

近年来，我们多次对我国热带珊瑚岛开展了植被调查，结果表明，有害生物的危害趋于加重，有害生物的种类也在不断增加。对珊瑚岛危害较严重的种类包括：有害植物无根藤（*Cassytha filiformis*）、飞机草（*Chromolaena odorata*）、孪花蟛蜞菊（*Wollastonia biflora*）、蒺藜草（*Cenchrus echinatus*）、羽芒菊（*Tridax procumbens*）、飞扬草（*Euphorbia hirta*）；害虫椰心叶甲（*Brontispa longissima*）和红火蚁（*Solenopsis invicta*），天蛾类（甘薯天蛾（*Agrius convolvuli*）、西沙透翅天蛾 *Cephonodes sanshaensis*、透翅天蛾（*Cephonodes hylas*)、云斑斜线天蛾(*Hippotion velox*)、膝带长喙天蛾(*Macroglossum sitiene*)等,蝗虫类短额负蝗(*Atractomorpha sinensis*)、棉蝗(*Chondracris rosea*)、刺胸蝗(*Cyrtacanthacris tatarica*)、西沙卫蝗(*Armatacris xishaensis*)、花胫绿纹蝗(*Aiolopus thalassinus*)、东亚飞蝗(*Locusta migratoria manilensis*)、疣蝗(*Trilophidia annulata*)等,危害海岸桐的角翅绿野螟(*Parotis suralis*)、危害草海桐的缘黑黄野螟(*Herpetogramma submarginale*)、草海桐蛇潜蝇(*Ophiomyia scaevolana*),危害银毛树的拟三色星灯蛾(*Utetheisa lotrix*)、危害草坪草、甘蔗的草地贪夜蛾(*Spodoptera frugiperda*)、斜纹夜蛾(*Spodoptera litura*)、榕管蓟马(*Gynaikothrips uzeli*)等,其中,有害植物无根藤、飞机草在西沙群岛、南沙群岛都危害较严重,孪花蟛蜞菊在西沙群岛危害严重,羽芒菊、飞扬草在南沙群岛危害严重。椰心叶甲是棕榈科植物的重要害虫之一,在西沙群岛、南沙群岛的椰子树上危害较大,若不能及时控制其危害及蔓延,可导致椰子出现严重生长不良甚至死亡;红火蚁具有极强的扩散及生存能力,在南沙群岛危害严重,如不及时控制,会对岛上居民健康安全、生态系统和建筑设施等造成严重危害;甘薯天蛾在南沙群岛季节性暴发,种群数量十分惊人,暴发时可将成片的厚藤叶片和嫩茎全部吃光,导致生长不良或植株死亡,降低植被覆盖率,严重影响防风固沙功能的发挥;云斑斜线天蛾幼虫暴发时可将抗风桐整株叶片吃光,严重影响抗风桐的光合作用,也可能对红脚鲣鸟的栖息产生影响;角翅绿野螟对海岸桐的危害,可造成海岸桐叶片全部落光,影响其光合作用。综上,有害生物的危害严重影响珊瑚岛的整体植被景观以及生态服务功能。

二、有害生物危害机制

热带珊瑚岛生态系统的脆弱性使其对有害生物的入侵和扩散极为敏感。有害生物通过多种途径破坏生态平衡,其危害机制如下。

(一)侵占生态位与资源掠夺

入侵植物如银合欢、马缨丹的根系分泌化感物质,破坏土壤结构,抑制本土植物种子萌发,改变土壤微生物群落及养分循环;快速生长的入侵植物如银合欢形成单一优势群落,与本土植物竞争水分与光照,挤占本土植物的生存空间,遮蔽珊瑚砂土壤上的原生植被如草海桐、海岸桐,导致本土植物因资源匮乏而衰退;部分入侵植物如禾本科杂草在旱季干燥时易燃,增加岛上火灾风险。

(二)直接捕食与寄生

入侵动物如红火蚁,既破坏农作物根系,又通过叮咬威胁人类健康,攻击其他昆虫、小型爬行动物,排挤本土蚂蚁种群,破坏传粉网络与食物链基础环节,导致生态链断裂。无根藤寄生于其他植物上,吸收寄主植物的水分与营养,导致被寄生植物枝枯,甚至死亡。

（三）干扰生物地球化学循环

释放毒性物质，如化感作用；部分入侵植物如南美蟛蜞菊释放酚类化合物，毒害土壤微生物及邻近植物。

（四）导致生态系统服务功能退化

有害生物的危害可导致生物多样性下降等，如甘薯天蛾幼虫暴发时，将厚藤的叶片、嫩茎几乎全部吃光，导致砂地裸露；有害植物羽芒菊、飞扬草侵入，影响生态服务功能。

（五）气候变化的协同放大效应

极端天气催化作用，如台风过后，倒伏的植被为入侵物种如先锋杂草提供生态空缺，加速次生演替失衡，如羽芒菊、飞扬草和银合欢的侵入。

（六）影响生活与威胁健康

蚊子影响人们工作、休息，作为虫媒如白纹伊蚊传播登革热等疾病，威胁岛上居民健康。

热带珊瑚岛有害生物的危害机制呈现多维度、跨尺度的特征，既包括直接的生物相互作用，也涉及间接的生态功能瓦解与气候变化的协同效应。理解这些机制是制定精准防控策略的基础，需通过长期监测、模型预测与适应性管理，维系珊瑚岛生态系统的韧性，守护南海"蓝色国土"的可持续发展。

三、有害生物防控策略

始终贯彻"预防为主、防治结合、综合治理"的有害生物防控原则，通过多手段协同、选用环境友好和可持续的防控措施达到控制有害生物危害的目的。

（一）阻断有害生物入侵途径

加强检验检疫，控制有害生物传入。从岛外引入苗木、客土等，应进行严格的消毒、检疫及灭菌处理，从源头控制有害生物的传入。

（二）加强有害生物防控技术研究，强化科技支撑作用

与科研院所合作，针对珊瑚岛极端环境，筛选抗逆性强的本地物种，用于植被恢复，提升生态系统抗逆性，降低有害生物入侵风险；研究和开发利用海岛上已有的天敌或竞争者来控制外来有害生物，同时参考大陆地区已有的有害生物防控技术，研发适合热带珊瑚岛特殊生境的防控方法，包括物理清除、生物、化学防治以及替代控制等方法。

（三）保护和恢复原生植被，减少有害生物栖息环境

在西沙群岛，通过保护和恢复珊瑚岛原生植被及特有的植物种类，提高本地植被覆盖率，增强生态系统抵抗力，从而抵御有害生物。在南沙群岛，选用根系发达、耐盐碱等

抗逆性强的种类构建近自然植被，增加地表覆盖度，减少裸地面积以抑制有害生物栖息。大多数有害植物为阳生性种类，难以适应阴生环境，保护及恢复原生植被，提高植被覆盖率，营造荫蔽环境，可有效抑制有害植物的生长、扩张。

（四）建立生态监测与预警体系

有害生物防控是一项长期且复杂的工作，通过开展长期的系统监测，及时了解有害生物的分布及危害状况，结合使用害虫诱捕设施，利用性信息素诱捕器，精准监测害虫成虫密度（如斜纹夜蛾）；使用黄板或蓝板黏虫监测蚜虫、蓟马等趋色性害虫；研发 AI 识别，手机应用软件图像识别有害植物等；利用遥感技术、便携式监测设备和人工巡查相结合，实时监控陆域有害生物的分布与扩散趋势，结合生物多样性数据建立风险评估模型，实时追踪有害生物种群动态及植被健康状况，实现早期预警。

（五）加强科普教育

管理部门应开展针对珊瑚岛有害生物有关知识的宣传，强调保护珊瑚岛特有生态系统的重要性，提高公众对有害生物的认识和防控意识，促使其积极参与有害生物的防控行动，形成多方联动的防控机制。

四、有害生物防控措施

在开展全面普查珊瑚岛有害生物的基础上，制定科学的防控策略和综合措施，控制有害生物的种群数量，降低其对经济、健康或生态系统的危害。以生态友好性和系统性为核心，通过生物防治、环境调控与智能监测的整合，从而实现珊瑚岛陆域植被保护与有害生物防控的平衡。

（一）生态管理措施

加强上岛苗木的检疫，防止外来物种、有害生物入侵。

优化植被修复与栖息地管理，清除杂草、疏通排水，减少害虫滋生环境（如排水防止蚊子幼虫）；筛选抗逆性强的本地植物种苗进行种植，优化植被群落结构，抑制有害生物扩散；保护天敌昆虫、鸟类等天敌栖息地。

（二）生物防治

微生物农药：优先选用苏云金杆菌（*Bacillus thuringiensis*，Bt）等环境友好型微生物制剂防治鳞翅目幼虫，白僵菌防治蝗虫；植物源农药：如印楝素、除虫菊素等天然成分杀虫剂，通过靶向抑制害虫肠道功能或破坏其生理结构实现高效灭杀，对非靶标生物安全，达到减少化学农药对珊瑚岛脆弱生态的干扰。

天敌引入与种群调控：人工释放捕食性天敌（如捕食螨、寄生蜂），建立有害生物与天敌的动态平衡，降低红蜘蛛、椰心叶甲等害虫的暴发风险。

（三）物理与机械防治

根据珊瑚岛生境的特殊性，有害植物以人工清除为主。一些害虫可采用人工捕杀，如摘除虫卵块、布设频振式杀虫灯诱杀蛾类成虫，达到降低幼虫危害植物的目的。

（四）化学防治（有限使用）

精准施药：选择低毒、靶标特异性药剂（如吡虫啉防治蚜虫）；采用静电喷雾、无人机喷药减少药剂浪费；抗药性管理，轮换使用不同作用机理的农药，避免单一药物长期使用。

低干扰作业技术：推广轻量化、可移动的防治设备（如无人机精准施药系统），减少人工干预对珊瑚岛表层土壤和植被的破坏。

（五）遗传与分子技术

不育技术：释放辐射绝育的雄虫（如地中海实蝇防控）。

基因编辑：培育携带致死基因的害虫品系如沃尔巴克氏体感染蚊子控制登革热。

（六）未来趋势与挑战

智能化防控，物联网传感器实时监测 +AI决策系统；生态兼容性，减少化学农药依赖，强化生物多样性保护；针对入侵物种（如红火蚁、草地贪夜蛾）的联防联控。

五、主要害虫防治技术

在有害生物未大规模暴发和严重危害的前提下，依据病虫害的种群动态及与其相关的环境关系，利用适当的技术或方法，将害虫的种群数量控制在珊瑚岛生态系统健康允许的水平之下，以获得最佳的社会、生态、经济效益。同时，要摒弃以"杀灭某一物种"的方式进行病虫害防治的观念。因此，病虫害防治优先采用物理诱杀和生物防治措施，或通过各种防治措施的综合应用，取长补短，相互配合；大量暴发危害时才选用化学防治，而且要尽量使用低毒或无毒的化学药剂，最终达到环境友好的科学防治目标。

（一）虫害的普查与发生预测

通过对植物、害虫和环境条件的具体情况进行调查、分析，初步预测虫害发生情况。

发生情况预测：经常观察植物生长情况，通过仔细查看植株上的虫孔、缺刻、潜道、卷叶、虫粪、卵、幼虫、蛹、成虫等情况，预测虫害的发生。

发生量预测：通过害虫发生的数量或虫口密度进行预测，了解是否有大量发生的趋势和是否达到防治指标，以确定是否开展防治。

分布蔓延预测：对测报对象可能分布和蔓延危害的地区进行预测，以确定采取控制其扩展、蔓延危害的措施。

危害程度预测：在发生量预测的基础上预测害虫可能造成的危害。

（二）害虫防治的常用方法

病虫害防治手段多种多样，必须根据防治对象的危害方式与特点，利用病虫害生活史或侵染循环中的薄弱环节，提出有针对性的防治措施，同时必须因地制宜综合运用不同防治方法。常用的病虫害防治方法如下。

喷雾法：通过使用机械或手动喷雾器将农药均匀喷施在需要保护的范围内。该防治方法适用于大面积防治，用药量少、防效高、适用范围广，是目前病虫害防治最常用、最主要的防治方法。

土壤处理法：将按比例配制好的农药灌根或将其埋于植株根系附近土壤，通过植株本身吸收及蒸腾作用，将药剂从根部输送到各个器官以达到防治病虫害的目的。主要用于防治地下害虫、根部病害、高大乔木食叶虫害等。该方法需要在作物根部开沟或挖穴，根据需要施药，然后覆土，所用药剂多为内吸性较强类型。常以树冠滴水线为界，开环状或放射状、深 5~15 mm、宽 20 mm 的沟施药，也可在植株周围开穴点施。

趋性诱杀：通过害虫对颜色、味道、光线等的趋性，利用黑光灯、糖醋液、黄板等进行诱杀。

性信息素诱杀：使用昆虫性外激素结合诱捕器对指定害虫进行异性个体的诱捕，使其种群失衡从而达到防治目的。

树干包扎法：通过在树干基部离地面约 1 m 处，用塑料薄膜围绕树干一周，在薄膜与树干中间塞入吸水性保水性较好的材料，往其中灌入已稀释内吸性较强的农药，将薄膜上下封好，等植株将药液吸收完后再加药。该方法可减少农药流失，提高用药效率，主要用于防治高大乔木病虫害，需要定期检查树皮情况，避免出现药害。

毒环：在树干近地面处使用触杀性较强的农药进行涂抹，形成一个闭合性毒环。该方法主要用于防治下地化蛹或有上下树活动习性的害虫。此法成本较低，但不耐雨水冲刷，有效期短。

树干注药或打点滴法：通过使用输液瓶将药液挂于树上，用注射器将内吸性药剂直接注射入植物体内或虫洞内，将注射器针头插入适当部位，通过蒸腾作用把药剂迅速传导，从而杀死在植株内部的有害生物。

以下为几类主要害虫的常用防治方法。

1. 椰心叶甲的防治

（1）检疫防治

严格检疫管控，加强棕榈科植物上岛前检疫，禁止携带椰心叶甲的苗木上岛，从源头阻断传播。

（2）物理防治

椰心叶甲主要取食未展开和初展开心叶，且产卵和化蛹也均在其折叠的叶肉中，因此可以剪除和烧毁有虫心叶，以降低虫口数量。

（3）生物防治

释放椰心叶甲啮小蜂、椰甲截脉姬小蜂控制椰心叶甲的危害。放蜂点宜选在椰子树密度较高的地方，而且椰心叶甲危害较重，有利于寄生蜂自然种群的培育；放蜂点生态环境应具有较多的蜜源植物，常年有开花植物的地方更佳，有利于寄生蜂在没有找到寄主寄生之前有营养进行补充；放蜂时，气温25~30℃、无雨、阵风5级以下，于早晨或傍晚放蜂；每个放蜂点的放蜂次数应根据寄生蜂对椰心叶甲控制情况来确定，通常每30天放蜂一次，连续放蜂6~10次。

绿僵菌与粉剂挂包防治。在受害植株心叶处悬挂含绿僵菌的椰甲清粉剂包，或直接喷洒绿僵菌制剂，通过生物作用抑制椰心叶甲幼虫及成虫的发育。

（4）化学防治

药剂注射与喷洒，采用虫线清药液注入树干或喷洒高效杀虫剂（如拟除虫菊酯类），直接杀灭椰心叶甲成虫及幼虫。针对心叶喷施3%啶虫脒乳油2000~2500倍液或1.8%阿维菌素乳油2000倍液，每15~20天喷施一次，连续2~3次，降低虫口密度；在每株椰子心叶挂药包，药包可选用啶虫脒颗粒剂或联苯·噻虫胺颗粒剂，每年旱季更换一次。药包制作：选用正方形透气纱布包裹上述药物，达到不透光为好，每个药包大概用药量为100~150 g，用绳子悬挂药包于椰子心叶稍上方处。化学防治应注意药剂轮换使用，避免产生抗药性。

2. 红火蚁的防治

（1）严格检疫

加强苗木上岛前的检疫，防止苗木、草皮将红火蚁带入。

（2）生物防治

引入天敌（如蚁鹰、蚤蝇），控制红火蚁数量，同时结合其他方法增强效果。

（3）化学防治

优先采用"饵剂为主、粉剂为辅"策略。定期检查防治效果，必要时重复施药或调整方案。

化学防治是目前最常用且效果显著的方法，主要包括毒饵法、撒施粉剂法、灌巢法和撒施毒饵法。

毒饵法：使用含有茚虫威、氟蚁腙等成分的饵剂，在红火蚁活动觅食时撒施于蚁巢周围。饵剂通过红火蚁取食后带回巢内，毒杀整个蚁群，包括蚁后。

撒施粉剂法：单蚁丘处理，先破坏蚁巢顶部，将触杀性粉剂撒施于巢穴。

药液灌巢法：使用高效氯氰菊酯等触杀性药剂，将药液直接浇灌到蚁巢中心，使药液渗透到土壤深处（渗透至1 m以下土壤处，每个巢用药液10~20 L），彻底消灭蚁群。适用于蚁巢明显且急需处理的区域。

撒施毒饵法：使用含有茚虫威、氟蚁腙等成分的饵剂，将饵剂撒施于蚁巢周围或散蚁活动区，通过工蚁取食传递至巢内，最终杀灭蚁后和整个蚁群。常用的药剂有 0.05% 茚虫威杀蚁饵剂，施用后 2~6 周效果最佳。

必要时对每个蚁巢或蚁丘进行插杆标记，施放药剂 7~10 天后进行检查，如有活蚁，再对残存的有效蚁巢进行单蚁巢施放触杀型药剂处理，直至全部杀死。

饵剂施用注意事项：应避免雨后施用；施用后 3~4 小时有雨，需补施；不能将饵剂集中撒在蚁丘顶部。

（4）防护与应急处理

个人防护：在有红火蚁区域作业时，穿戴手套、长袖衣物及高筒水鞋，避免直接接触。

蜇伤处理：立即用肥皂水冲洗伤口，涂抹糖皮质激素药膏；若出现过敏反应（如呼吸困难），需紧急就医。

3. 蝗虫的防治

（1）物理防治

在蝗虫发生区牧鸡牧鸭，减少蝗虫及其他害虫的虫口基数，环保安全。

（2）生物防治

优先使用蝗虫微孢子虫、苏云金杆菌、绿僵菌等微生物农药防治，或选用苦参碱、印楝素植物源农药，定向投放。

（3）化学防治

在高密度发生区可选用甲维盐、高效氯氰菊酯乳油等，按照说明书要求喷雾防治。宜在清晨或傍晚进行喷雾防治。在草坪可进行无人机喷药防治，采用超低容量喷雾技术能有效压低蝗虫虫口基数。

4. 蛾类的防治

珊瑚岛上主要有天蛾类、斜纹夜蛾、草海桐缘黑黄野螟、海岸桐角翅绿野螟等。

（1）物理防治

清除杂草，减少成虫产卵场所，及时做好清理工作，将残枝落叶及时收集焚烧或集中深埋，杀灭部分幼虫和蛹；诱捕成虫：利用成虫的趋光性，在成虫发生期使用性信息素诱捕器或黑光灯诱杀成虫，减少产卵量；在幼虫发生期，通过击落或捕捉树上的幼虫人工捕杀，或在蛹期耙土、锄草或翻地，消灭虫蛹。

（2）生物防治

保护和利用天敌，如寄生蜂将卵产在天蛾幼虫体内，幼虫孵化后取食寄主组织，最终导致宿主死亡；螳螂、草蛉、瓢虫、捕食性蝽类等捕食天蛾卵或低龄幼虫，可控制天蛾幼虫的数量。

在幼虫 3 龄前，使用生物农药，选用苏云金杆菌、白僵菌、绿僵菌、昆虫病毒类（如核型多角体病毒、颗粒体病毒）、植物浸提液（如印楝素乳油、苦皮藤素）等。

天蛾类幼虫：微生物防治，喷洒苏云金杆菌于植物叶片，对低龄幼虫效果最佳；喷洒特异性核型多角体病毒（NPV）制剂，控制特定天蛾种类，对非靶标生物安全；喷洒真菌制剂如白僵菌或绿僵菌，孢子附着在幼虫体表后侵入体内，导致虫体僵化死亡。植物源农药如印楝素，具有拒食、抑制生长发育的作用，对天蛾幼虫有效；苦参碱或除虫菊素等，天然植物提取物，可干扰幼虫神经系统，导致死亡。

斜纹夜蛾幼虫：在幼虫 3 龄前叶面喷施斜纹夜蛾核型多角体病毒悬浮剂防治。

草海桐缘黑黄野螟：选用苏云金杆菌悬浮剂、阿维菌素微乳油、苦参碱水剂、乙基多杀菌素悬浮剂、氯虫苯甲酰胺悬浮剂等对植株全面喷洒。每 7~10 天喷一次，连续 2~3 次。

海岸桐角翅绿野螟：在幼虫 3 龄前（卵孵化后 10 天左右）使用苦参碱、甲维·灭幼脲等制剂防治。

（3）化学防治

虫口密度高、其他方法难以控制时，在幼虫 3 龄前进行化学防治，常用的农药有氯虫苯甲酰胺、甲氰菊酯、高效氯氰菊酯、吡虫啉、敌百虫、敌敌畏、氟苯虫酰胺等，按照说明书谨慎使用。一般为每 7~10 天喷一次，连续 2~3 次。

防治天蛾类幼虫推荐药剂：生物源农药，如多杀菌素、甲维盐（对环境影响较小）；化学农药，如氯虫苯甲酰胺、茚虫威（高效低毒，注意轮换使用）。

海岸桐角翅绿野螟：在幼虫 3 龄前（卵孵化后 10 天左右）使用高效氯氟氰菊酯、虫螨腈、氟苯虫酰胺、氟啶脲·噻虫胺等。

5. 同翅目害虫的防治

珊瑚岛上主要有蚜虫、粉蚧、介壳虫等。

（1）物理防治

黄色粘虫板诱杀：利用蚜虫对黄色和橙黄色有强烈趋向性的特点，将黄色粘虫板插挂在植物行间，诱集并杀死蚜虫。

（2）农业防治

适度密植，进行合理修剪，提高植株通风透气，避免虫害暴发。

（3）生物防治

保护和利用蚜虫的天敌，如七星瓢虫、异色瓢虫、草蛉、食蚜蝇、蚜茧蜂、赤眼蜂及白僵菌等，能有效控制蚜虫的数量。寄生蜂（如蚜茧蜂）可以寄生在蚜虫体内，控制其数量。

（4）化学防治

常用的药剂有吡虫啉、噻虫嗪、呋虫胺、螺虫乙酯、高效氯氟氰菊酯、氟氯氰菊酯、吡丙醚、噻嗪酮、螺虫乙酯、氟啶虫酰胺等，都有较好的防治效果。

6. 半翅目蝽象类害虫的防治

（1）农业防治

定期清除枯枝落叶、杂草，集中销毁处理，杀死越冬成虫。保持林地清洁，及时清理杂草和垃圾，减少蜡象的栖息地。

（2）生物防治

利用天敌，合理利用蜘蛛、黄猄蚁和螳螂等天敌，可以有效地控制蜡象等害虫的数量。

（3）化学防治

选用氯氰菊酯和毒死蜱混合使用，防治效果较好。或使用溴氰菊酯、吡虫啉等药剂进行喷洒也有较好效果。

喷药时机：3 月中下旬和 4 月中下旬，成虫和若虫的耐药性较差，喷药防治效果较好。

7. 双翅目潜叶蝇类的防治

（1）物理防治

发现有虫叶及时摘除并焚烧或深埋；利用灭蝇纸诱杀成虫，在成虫发生的始期用灭蝇纸诱杀，每亩*设 15 个诱杀点，4 天更换 1 次；利用潜叶蝇的趋黄性，在植物周围放置黄色粘虫板，利用潜叶蝇对黄色的吸引力诱杀成虫（黄板上可涂抹添加有黄油或糖醋的机油）；还可利用成虫吸食花蜜的习性，用 30% 糖水加 0.05% 敌百虫诱杀成虫。

光诱捕器：利用潜叶蝇的趋光性，在林间安装诱杀灯或黏虫板进行诱捕。

毒饵诱杀：利用潜叶蝇对特定食物的趋性，如悬挂胡萝卜、小黄瓜等诱饵诱杀成虫。

（2）生物防治

幼虫危害期，在田间释放姬小蜂或潜蝇茧蜂等寄生蜂，寄生率高，控制效果好。

喷洒生物农药防治，根据潜叶蝇的发生情况使用印楝素乳油、乙基多杀菌素等进行防治；喷洒昆虫生长调节剂，如灭蝇胺（具有强内吸传导作用）、氟啶脲（抑太保，胃毒作用）、灭幼脲等，抑制几丁质合成，阻碍昆虫的正常发育，对双翅目潜叶蝇类害虫有特殊活性。

（3）化学防治

在成虫羽化高峰期，可选用吡虫啉、高效氯氟氰菊酯、氯虫苯甲酰胺、噻虫嗪等药剂按说明书方法使用。发生高峰期 5~7 天喷洒 1 次，连喷 2~3 次；预防危害，7~10 天喷 1 次，连续喷洒 2~3 次。集中连片防治效果较好。不同种类的药剂轮换使用，防止害虫产生抗药性。

烟剂熏杀：使用敌敌畏烟剂或氰戊菊酯烟剂熏杀成虫。

8. 缨翅目蓟马类的防治

（1）农业防治

及时清除田间的杂草和枯叶，减少蓟马的栖息场所。根据树木的不同生长期对水肥的需求，制定合理的肥水管理方案，促使植株生长健壮，减少蓟马的侵害。

---

* 1 亩 ≈ 666.67m^2。

（2）物理防治

蓟马具有趋蓝性，在田间布设蓝色粘虫板，粘板高度与作物生长点持平或略高于生长点，每亩布放 30~40 块，可有效减少林间蓟马的数量。

（3）生物防治

保护和引入蓟马的天敌，如捕食螨、食蚜蝇等。叶面喷施微生物制剂乙基多杀菌素悬浮剂也可有效控制蓟马的种群数量。

（4）化学防治

可选用如吡虫啉、啶虫脒、螺虫乙酯悬浮剂、氯虫苯甲酰胺悬浮剂等，每 7~10 天一次，连续 2~3 次。

9.螨类的防治

（1）农业防治

及时清除杂草和枯枝落叶，减少红蜘蛛的栖息场所和食物来源。增施磷、钾肥和有机肥，增强植株的抗逆性。适当降低植株群落密度，提高植株间通风透光。

（2）生物防治

释放天敌，如捕食螨、草蛉、瓢虫等，可以有效地控制红蜘蛛的数量。

利用微生物制剂，如浏阳霉素、白僵菌、绿僵菌等，控制红蜘蛛的危害。

（3）化学防治

选择高效、低毒、低残留的农药，如虫螨腈、螺螨酯、联苯肼酯、丁氟螨酯、乙螨唑、克螨特、哒螨灵、苯酰基乙腈类杀螨剂等。在红蜘蛛发生初期及时用药，喷洒 24% 螺螨酯悬浮剂 4000 倍液，每 7~10 天一次，连续 2~3 次，避免害虫大量繁殖后难以控制。按照农药说明书的要求使用，注意药剂的浓度、用量和使用方法，避免滥用农药，同时注意轮换用药，防止红蜘蛛产生抗药性。

六、农药安全使用注意事项

岛礁天气高温、高湿，加强作业人员安全防护，病虫害防治工作应在早上 10 时前或下午 5 时后开展，防止农药中毒或植物药害等事故发生。

规范操作施药机械，防止安全事故发生，配药时戴手套、口罩，避免皮肤接触原液。采用"顺风倒退式"喷药，避免吸入药雾。禁止吸烟、饮食、接打电话，避免药液沾染口鼻。

尽量使用无毒或低毒低残留农药，使用农药时应严格按剂量使用，延缓抗药性产生。避免在花期施药，保护传粉昆虫。

风力 >3 级时禁止喷药，防止药液飘移污染，阴雨天或将要下雨时不宜喷药。如果需要在有风时喷药，应注意风向，一般应在上风位往下风位喷药，若风速较大，则应停止喷药。在大雾天气或露水多时应避免施药。

避免长时间重复使用单一农药，合理混合施用农药或交替使用不同类型的农药。既可以同时防治多种病虫害，提高药效，延缓抗药性出现（对已经产生抗药性的病虫害可通过农药混用获得更好防治效果），又可以延长农药残效期，发挥不同农药间的特长，节省农药用量，降低防治成本。

农药混用应注意：①酸性农药不能与碱性农药（如石硫合剂、波尔多液等）混用。②生物源杀虫剂（如苏云金杆菌、核型多角体病毒等）避免与杀菌剂混用。③含有硫黄或铜制剂应单独使用。④混配后出现理化性质改变（如分层、絮结、沉淀等现象）则不能混用。⑤农药混用时应通过二次稀释法进行稀释配制，混配时需根据不同剂型先后投药，依次为叶面肥、可湿性粉剂、水分散粒剂、悬浮剂、微乳油、水乳油、水剂、乳油。

附录 2　有害生物列表及其对应的防控方法

种名	物理防治	生物防治	化学防治	寄主
无根藤 Cassytha filiformis	人工清除并烧毁或深埋		灭草松（苯达松）	20 多种植物
铍子鸟足菜 Cleome rutidosperma	人工拔除		草甘膦	
喜旱莲子草 Alternanthera philoxeroides	清除地上、地下部分	释放莲草直胸跳甲	草甘膦	
青葙 Celosia argentea	开花或果实成熟前人工清除	草地、藤本覆盖	草甘膦	
龙珠果 Passiflora foetida	结果前割断根部清除			
番马㼎 Melothria pendula	结果前割断根部清除			
黄花稔 Sida acuta	花果前清除			
蛇婆子 Waltheria indica	花果前清除			
飞扬草 Euphorbia hirta	花果前清除			
通奶草 Euphorbia hypericifolia	花前人工拔除		2,4-D 钠盐、啶嘧磺隆	
匍匐大戟 Euphorbia prostrata	果熟前人工拔除		2,4-D 钠盐、啶嘧磺隆	
苦味叶下珠 Phyllanthus amarus	果熟前拔除			
蓖麻 Ricinus communis	果熟前拔除			
南美山蚂蝗 Desmodium tortuosum	果熟前拔除			

（续）

中文名	物理防治	生物防治	化学防治	寄主
银合欢 Leucaena leucocephala	控制引种，清理洒落的种子，人工或机械清除，替代种植		环嗪酮，三氯吡氧乙酸等	
巴西含羞草 Mimosa diplotricha	人工或机械连根拔除			
无刺含羞草 Mimosa diplotricha var. inermis	人工或机械连根拔除			
含羞草 Mimosa pudica	控制引种，及时清除			
盖裂果 Mitracarpus hirtus	人工清除			
墨苜蓿 Richardia scabra	结实前人工拔除			
阔叶丰花草 Spermacoce alata	开花结果前拔除		二甲四氯，草甘膦或四氟丙酸钠	
光叶丰花草 Spermacoce remota	人工拔除			
五爪金龙 Ipomoea cairica	结果前割断茎基部		二甲四氯，噁草灵，氯氟吡氧乙酸	
白花曼陀罗 Datura metel	结果前人工拔除，控制引种			
苦蘵 Physalis angulata	结果前人工拔除		烟嘧磺隆，乙氧氟草醚	
少花龙葵 Solanum americanum	开花结果前人工拔除			
马缨丹 Lantana camara	人工或机械清除		草甘膦	
假马鞭 Stachytarpheta jamaicensis	开花结果前人工拔除		苯磺隆，草铵膦	

（续）

中文名	物理防治	生物防治	化学防治	寄主
藿香蓟 Ageratum conyzoides	开花结果前人工拔除		苯磺隆、草铵膦	
鬼针草 Bidens pilosa	盛花期人工拔除或机械铲除	本土植物替代控制	草甘膦	
飞机草 Chromolaena odorata	开花结果前人工拔除		草甘膦、草铵膦	
小蓬草 Erigeron canadensis	开花结果前人工拔除		草甘膦、草铵膦	
微甘菊 Mikania micrantha	开花结果前人工拔除		草甘膦、氯氟吡氧乙酸	
翼茎阔苞菊 Pluchea sagittalis	开花结果前人工拔除			
假臭草 Praxelis clematidea	人工清除		草甘膦、草铵膦	
南美蟛蜞菊 Sphagneticola trilobata	控制引种		草甘膦、氯氟吡氧乙酸、甲磺隆	
羽芒菊 Tridax procumbens	人工铲除		氯氟吡氧乙酸、二甲四氯、啶嘧磺隆	
孪花蟛蜞菊 Wollastonia biflora	人工铲除		草甘膦、氯氟吡氧乙酸	
蒺藜草 Cenchrus echinatus	结果前铲除		二甲四氯、啶嘧磺隆	
红毛草 Melinis repens	花前人工铲除，在结籽时将果序去除		草甘膦	
德国小蠊 Blattella germanica	人工捕杀、清洁卫生、阻断食源		含有吡虫啉成分的杀蟑胶饵	
美洲大蠊 Periplaneta americana	人工捕杀、清洁卫生、阻断食源		含有吡虫啉成分的杀蟑胶饵	

（续）

中文名	物理防治	生物防治	化学防治	寄主
西花蓟马 Frankliniella occidentalis	清洁园地、蓝板诱杀	捕食螨、食蚜蝇、乙基多杀菌素	吡虫啉、啶虫脒、高效氯氟氰菊酯、烯啶虫胺、吡虫胺等	瓜果类
榕管蓟马 Gynaikothrips uzeli	清洁园地、蓝板诱杀	捕食螨、食蚜蝇、乙基多杀菌素	吡虫啉、啶虫脒、高效氯氟氰菊酯、烯啶虫胺、吡虫胺等	榕属植物垂叶榕、小叶榕
短额负蝗 Atractomorpha sinensis	监测预警	蝗虫微孢子虫、绿僵菌、甲维盐、苏云金杆菌	高效氯氰菊酯乳油等	草海桐、厚藤、海刀豆、滨豇豆、禾本科
棉蝗 Chondracris rosea	监测预警、人工捕捉跳蝻	螳螂、蝗虫微孢子虫、绿僵菌、甲维盐、苏云金杆菌	高效氯氰菊酯乳油、敌百虫等	甘蔗、柑橘、木麻黄、椰子、榄仁树、相思等70余种植物
刺胸蝗 Cyrtacanthacris tatarica	监测预警	蝗虫微孢子虫、绿僵菌、甲维盐、苏云金杆菌	高效氯氰菊酯乳油等	草海桐、滨豇豆和多种禾本科植物
西沙卫蝗 Armatacris xishaensis	监测预警	蝗虫微孢子虫、绿僵菌、甲维盐、苏云金杆菌	高效氯氰菊酯乳油等	禾本科植物
花胫绿纹蝗 Aiolopus thalassinus	监测预警	蝗虫微孢子虫、绿僵菌、甲维盐、苏云金杆菌	高效氯氰菊酯乳油等	禾本科植物
东亚飞蝗 Locusta migratoria manilensis	监测预警、人工捕捉跳蝻	蝗虫微孢子虫、绿僵菌、甲维盐、苏云金杆菌	高效氯氰菊酯乳油等	草海桐、厚藤、海刀豆、滨豇豆、多种禾本科植物

（续）

中文名	物理防治	生物防治	化学防治	寄主
疣蝗 *Trilophidia annulata*	监测预警	蝗虫微孢子虫、绿僵菌、甲维盐、苏云金杆菌	高效氯氰菊酯乳油等	禾本科植物
棉叶蝉 *Amrasca biguttula*	监测预警	食蚜蝇	叶蝉散、甲奈威、西维因、伏杀磷、溴氰菊酯、吡虫啉	海岸桐、榄仁
小绿叶蝉 *Empoasca flavescens*	黄色粘虫板	白僵菌、印楝素、藜芦碱、苦参碱、鱼藤酮	茚虫威、虫螨腈、唑虫酰胺	甘蔗、滨豇豆
黑点纹翅飞虱 *Cemus nigromaculosus*		食蚜蝇	啶虫脒、噻虫嗪、噻嗪酮、螺虫乙酯、氟啶虫酰胺	豆科和禾本科
白背飞虱 *Sogatella furcifera*		食蚜蝇	啶虫脒、噻虫嗪、噻嗪酮、螺虫乙酯、氟啶虫酰胺	禾本科植物
大叶相思羞木虱 *Acizzia* sp.		食蚜蝇	啶虫脒、噻虫嗪、噻嗪酮、螺虫乙酯、氟啶虫酰胺	大叶相思
银合欢异木虱 *Heteropsylla cubana*		食蚜蝇	啶虫脒、噻虫嗪、噻嗪酮、螺虫乙酯、氟啶虫酰胺	银合欢
黄槿瘿木虱 *Mesohomotoma camphorae*		食蚜蝇	啶虫脒、噻虫嗪、噻嗪酮、螺虫乙酯、氟啶虫酰胺	黄槿

（续）

中文名	物理防治	生物防治	化学防治	寄主
海棠果翅木虱 *Leptynoptera sulfurea*		食蚜蝇	啶虫脒、噻虫嗪、螺虫乙酯、氟啶虫酰胺	红厚壳
黄蟪蛄 *Platypleura hilpa*			啶虫脒、螺虫乙酯、氟啶虫酰胺	草海桐、银毛树等
白盾弧角蝉 *Leptocentrus leucaspis*			啶虫脒、螺虫乙酯、氟啶虫酰胺	黄槿
新菠萝灰粉蚧 *Dysmicoccus neobrevipes*		食蚜蝇	啶虫脒、噻虫嗪、螺虫乙酯、氟啶虫酰胺	海岸桐
双条拂粉蚧 *Ferrisia virgata*		食蚜蝇	啶虫脒、噻虫嗪、螺虫乙酯、氟啶虫酰胺	银合欢、仙人掌、木槿、夹竹桃、海岸桐、马缨丹
扶桑绵粉蚧 *Phenacoccus solenopsis*		食蚜蝇	啶虫脒、噻虫嗪、螺虫乙酯、氟啶虫酰胺	朱槿
苏铁白盾蚧 *Aulacaspis yasumatsui*			啶虫脒、螺虫乙酯、氟啶虫酰胺	苏铁
烟粉虱 *Bemisia tabaci*			啶虫脒、噻虫嗪、螺虫乙酯、氟啶虫酰胺	葫芦科、豆科、锦葵科

（续）

中文名	物理防治	生物防治	化学防治	寄主
埃及吹绵蚧 Icerya aegyptiaca			啶虫脒、螺虫乙酯、氟啶虫酰胺	血桐、菠萝蜜
银毛吹绵蚧 Icerya seychellarum			啶虫脒、螺虫乙酯、氟啶虫酰胺	草海桐、鸡蛋花、九里香
豆蚜 Aphis craccivora	黄色粘虫板	食蚜蝇	啶虫脒、噻虫嗪、噻虫酮、螺虫乙酯、氟啶虫酰胺	豆科植物
棉蚜 Aphis gossypii	黄色粘虫板	食蚜蝇	啶虫脒、噻虫嗪、噻虫酮、螺虫乙酯、氟啶虫酰胺	豆类、朱槿
夹竹桃蚜 Aphis nerii	黄色粘虫板	食蚜蝇	啶虫脒、噻虫嗪、噻虫酮、螺虫乙酯、氟啶虫酰胺	夹竹桃等
锚纹二星蝽		黄猄蚁、螳螂	氯氰菊酯、毒死蜱、溴氰菊酯、吡虫啉	榕树、无花果、桑
壁蝽 Piezodorus hybneri		黄猄蚁、螳螂	氯氰菊酯、毒死蜱、溴氰菊酯、吡虫啉	豆类和禾本科植物
斯氏珀蝽 Plautia stali		黄猄蚁、螳螂	氯氰菊酯、毒死蜱、溴氰菊酯、吡虫啉	海滨木巴戟和海岸桐
点蜂缘蝽 Riptortus pedestris		黄猄蚁、螳螂	氯氰菊酯、毒死蜱、溴氰菊酯、吡虫啉	豆类

（续）

中文名	物理防治	生物防治	化学防治	寄主
茶赤须盲蝽 Trigonotylus coelestidium		黄猄蚁、螳螂	氯菊酯、毒死蜱、溴氰菊酯、吡虫啉	禾本科植物
瘤缘蝽 Acanthocoris scaber		黄猄蚁、螳螂	氯氰菊酯、毒死蜱、溴氰菊酯、吡虫啉	甘薯、茄、瓜类、辣椒、厚藤等
叶足缘蝽 Leptoglossus gonagra		黄猄蚁、螳螂	氯氰菊酯、毒死蜱、溴氰菊酯、吡虫啉	木棉、芒果、南瓜和龙珠果
栗缘蝽 Liorhyssus hyalinus		黄猄蚁、螳螂	氯氰菊酯、毒死蜱、溴氰菊酯、吡虫啉	海滨大戟和多种禾本科植物
黑带红腺长蝽 Graptostethus servus		黄猄蚁、螳螂	氯氰菊酯、毒死蜱、溴氰菊酯、吡虫啉	多种禾本科植物
亚铜平龟蝽 Brachyplatys subaeneus		黄猄蚁、螳螂	氯氰菊酯、毒死蜱、溴氰菊酯、吡虫啉	多种豆科植物
纺星花金龟 Protaetia fusca	黑光灯诱杀成虫，含有敌百虫的糖、醋、水的混合液诱杀，性信息素诱杀	金龟子绿僵菌、苏云金杆菌等	高效氯氰菊酯、辛硫磷、毒死蜱、阿维·高氯、噻虫·高氯	草海桐、大叶榄仁、银毛树、海岸桐、文殊兰、龙珠果和多种豆科植物
茄二十八星瓢虫 Henosepilachna vigintioctopunctata	人工捕杀成虫和幼虫、杀虫灯诱杀	Bt生物杀虫剂	溴氰菊酯	瓜果类
甘薯小象甲 Cylas formicarius	悬挂性诱设备诱杀	性诱剂诱杀雄性成虫	毒死蜱、高氯毒死蜱、氯氟氰菊酯	牵牛花、厚藤等旋花科植物
绿鳞象甲 Hypomeces pulviger	利用成虫的假死性，在清晨或傍晚振树，集中捕杀成虫		联苯菊酯、阿维菌素、啶虫脒	榄仁、扶桑、海滨木巴戟、海岸桐

（续）

中文名	物理防治	生物防治	化学防治	寄主
椰心叶甲 Brontispa longissima	剪除和烧毁带症带虫心叶，以降低虫口数量	椰心叶甲啮小蜂、椰甲截脉姬小蜂、绿僵菌	啶虫脒、联苯、噻虫胺	椰子、槟榔等
甘薯台龟甲 Cassida circumdata			敌百虫、拟除虫菊酯类	甘薯、牵牛花等旋花科植物
大猿叶甲 Colaphellus bowringi	堆放菜叶，杂草进行诱杀	释放寄生蜂、瓢虫	菊杀乳油、辛硫磷、巴丹、敌敌畏	十字花科、厚藤、滨豆豆等
黄曲条跳甲 Phyllotreta striolata	黄板诱杀，振频式杀虫灯	阿维菌素、苦参碱	氯虫·噻虫嗪、高效氯氟氰菊酯	十字花科、瓜豆类
美洲斑潜蝇 Liriomyza sativae	黄板诱杀，黑光灯诱杀成虫	阿维菌素、苏云金杆菌	绿菜宝、毒死蜱	瓜豆类等
草海桐蛇潜蝇 Ophiomyia scaevolana	黄色粘虫板诱杀成虫	黄赤蝇茧蜂、白跗艾姬小蜂	吡虫啉、辛硫磷、氰戊菊酯	草海桐、柑橘类、番木瓜、草莓、花卉等植物
白纹伊蚊 Aedes albopictus	灭蚊灯		氯丙炔菊酯、氯菊酯	
柑橘小实蝇 Bactrocera dorsalis	黄色粘虫板	悬挂含有甲基丁香酚和红糖的瓶子于果园中诱杀成虫	马拉硫磷、辛硫磷	柑橘、番石榴、杨桃、芒果、瓜类
家蝇 Musca domestica	粘虫纸、粘虫板		氯丙炔菊酯、氯菊酯	
曲纹紫灰蝶 Edales pandava	糖醋液诱杀成虫	苏云金杆菌	马拉硫磷、菊·杀乳油	苏铁
毛眼灰蝶 Zizina otis	糖醋液诱杀成虫	苏云金杆菌	马拉硫磷、菊·杀乳油	滨豆豆等豆科植物
波蛱蝶 Ariadne ariadne	糖醋液诱杀成虫	苏云金杆菌	马拉硫磷、菊·杀乳油	蓖麻

（续）

中文名	物理防治	生物防治	化学防治	寄主
翠袖锯眼蝶 Elymnias hypermnestra	糖醋液诱杀成虫	苏云金杆菌	马拉硫磷、菊·杀乳油	棕榈科
翠蓝眼蛱蝶 Junonia orithya	糖醋液诱杀成虫	苏云金杆菌	马拉硫磷、菊·杀乳油	马鞭草
小菜蛾 Plutella xylostella	清洁田园、灯光诱杀	苏云金杆菌或阿维菌素	多杀霉素、氟啶脲、阿维菌素	十字花科蔬菜
瓜绢野螟 Diaphania indica	黑光灯诱杀成虫	广腹螳螂、苏云金杆菌、白僵菌、绿僵菌、阿维菌素、核多角体病毒、印楝素乳油、苦皮藤素等	氯虫苯甲酰胺、甲氰菊酯、高效氯氰菊酯、吡虫啉	瓜果、桑、锦葵科
泡桐卷野螟 Pycnarmon cribrata	黑光灯诱杀成虫	广腹螳螂、苏云金杆菌、白僵菌、绿僵菌、阿维菌素、核多角体病毒、印楝素乳油、苦皮藤素等	氯虫苯甲酰胺、甲氰菊酯、高效氯氰菊酯、吡虫啉	泡桐、单叶蔓荆
角翅绿野螟 Parotis suralis	黑光灯诱杀成虫	广腹螳螂、苏云金杆菌、白僵菌、绿僵菌、阿维菌素、核多角体病毒、印楝素乳油、苦皮藤素等	氯虫苯甲酰胺、甲氰菊酯、高效氯氰菊酯、吡虫啉	海岸桐
缘黑黄野螟 Herpetogramma submarginale	黑光灯诱杀成虫	广腹螳螂、苏云金杆菌、白僵菌、绿僵菌、阿维菌素、核多角体病毒、印楝素乳油、苦皮藤素等	氯虫苯甲酰胺、甲氰菊酯、高效氯氰菊酯、吡虫啉	草海桐
拟三色星灯蛾 Utetheisa lotrix	黑光灯诱杀成虫	广腹螳螂、苏云金杆菌、白僵菌、绿僵菌、阿维菌素、核多角体病毒、印楝素乳油、苦皮藤素等	氯虫苯甲酰胺、甲氰菊酯、高效氯氰菊酯、吡虫啉	银毛树、猪屎豆

（续）

中文名	物理防治	生物防治	化学防治	寄主
豆荚斑螟 Etiella zinckenella	黑光灯诱杀成虫	广腹螳螂、苏云金杆菌、白僵菌、绿僵菌、阿维菌素、核多角体病毒、印楝素乳油、苦皮藤素等	氯虫苯甲酰胺、甲氰菊酯、高效氯氰菊酯、吡虫啉	豆类
一点拟灯天蛾 Asota caricae	黑光灯诱杀成虫	广腹螳螂、苏云金杆菌、白僵菌、绿僵菌、阿维菌素、核多角体病毒、印楝素乳油、苦皮藤素等	氯虫苯甲酰胺、甲氰菊酯、高效氯氰菊酯、吡虫啉	榕、无花果
甘薯天蛾 Agrius convolvuli	黑光灯诱杀成虫	广腹螳螂、苏云金杆菌、白僵菌、绿僵菌、阿维菌素、核多角体病毒、印楝素乳油、苦皮藤素等	氯虫苯甲酰胺、甲氰菊酯、高效氯氰菊酯、吡虫啉	甘薯、厚藤
咖啡透翅天蛾 Cephonodes hylas	黑光灯诱杀成虫	广腹螳螂、苏云金杆菌、白僵菌、绿僵菌、阿维菌素、核多角体病毒、印楝素乳油、苦皮藤素等	氯虫苯甲酰胺、甲氰菊酯、高效氯氰菊酯、吡虫啉	海岸桐
夹竹桃天蛾 Daphnis nerii	黑光灯诱杀成虫	广腹螳螂、苏云金杆菌、白僵菌、绿僵菌、阿维菌素、核多角体病毒、印楝素乳油、苦皮藤素等	氯虫苯甲酰胺、甲氰菊酯、高效氯氰菊酯、吡虫啉	夹竹桃、长春花、萝芙木、软枝黄蝉
茜草后红斜线天蛾 Hippotion rosetta	黑光灯诱杀成虫	广腹螳螂、苏云金杆菌、白僵菌、绿僵菌、阿维菌素、核多角体病毒、印楝素乳油、苦皮藤素等	氯虫苯甲酰胺、甲氰菊酯、高效氯氰菊酯、吡虫啉	丰花草、白花蛇舌草等茜草科植物

（续）

中文名	物理防治	生物防治	化学防治	寄主
云斑斜线天蛾 Hippotion velox	黑光灯诱杀成虫	广腹螳螂、苏云金杆菌、白僵菌、绿僵菌、阿维菌素、核多角体病毒、印楝素乳油、苦皮藤素等	氯虫苯甲酰胺、甲氧虫酰肼、高效氯氰菊酯、吡虫啉	抗风桐、海滨木巴戟
藤带长喙天蛾 Macroglossum sitiene	黑光灯诱杀成虫	广腹螳螂、苏云金杆菌、白僵菌、绿僵菌、阿维菌素、核多角体病毒、印楝素乳油、苦皮藤素等	氯虫苯甲酰胺、甲氧虫酰肼、高效氯氰菊酯、吡虫啉	海滨木巴戟
柚木驼蛾 Hyblaea puera	黑光灯诱杀成虫	广腹螳螂、苏云金杆菌、白僵菌、绿僵菌、阿维菌素、核多角体病毒、印楝素乳油、苦皮藤素等	氯虫苯甲酰胺、甲氧虫酰肼、高效氯氰菊酯、吡虫啉	单叶蔓荆、伞序臭黄荆等
六带桑舞蛾 Choreutis sexfasciella	黑光灯诱杀成虫	广腹螳螂、苏云金杆菌、白僵菌、绿僵菌、阿维菌素、核多角体病毒、印楝素乳油、苦皮藤素等	氯虫苯甲酰胺、甲氧虫酰肼、高效氯氰菊酯、吡虫啉	金叶榕、垂叶榕、榕树等
飞扬阿夜蛾 Achaea janata	黑光灯诱杀成虫	广腹螳螂、苏云金杆菌、白僵菌、绿僵菌、阿维菌素、核多角体病毒、印楝素乳油、苦皮藤素等	氯虫苯甲酰胺、甲氧虫酰肼、高效氯氰菊酯、吡虫啉	琶杯
草地贪夜蛾 Spodoptera frugiperda	黑光灯诱杀成虫	广腹螳螂、苏云金杆菌、白僵菌、绿僵菌、阿维菌素、核多角体病毒、印楝素乳油、苦皮藤素等	虫螨腈·虱螨脲、高效氯氟氰菊酯、高氯甲维盐	甘蔗、草坪草等

（续）

中文名	物理防治	生物防治	化学防治	寄主
斜纹夜蛾 Spodoptera litura	黑光灯诱杀成虫	广腹螳螂、苏云金杆菌、白僵菌、绿僵菌、阿维菌素、核多角体病毒、印楝素乳油、苦皮藤素等	氯虫苯甲酰胺、甲氧菊酯、高效氯氰菊酯、吡虫啉	草坪草、滨豇豆、蔬菜等
椰子织蛾 Opisina arenosella	黑光灯诱杀成虫	广腹螳螂、苏云金杆菌、白僵菌、绿僵菌、阿维菌素、核多角体病毒、印楝素乳油、苦皮藤素等	氯虫苯甲酰胺、甲氧菊酯、高效氯氰菊酯、吡虫啉	椰子
红火蚁 Solenopsis invicta			撒施含有节虫威成分的毒饵	危害人体、植物、设施等
长足捷蚁 Anoplolepis gracilipes	糖水诱杀		含有敌百虫的糖水诱杀	
点马蜂 Polistes stigma	用火焚毁		布条、毛巾蘸取敌敌畏驱赶	蜇人
黑棕马蜂 Polistes brunus	用火焚毁		布条、毛巾蘸取敌敌畏驱赶	蜇人
木槿瘿螨 Eriophyes hibisci	及时修剪有虫瘿枝叶		毒死蜱	木槿、黄槿
朱砂叶螨 Tetranychus cinnabarinus		捕食螨、瓢虫	阿维菌素、哒螨灵或乙螨唑	草海桐、榄仁
非洲大蜗牛 Lissachatina fulica	人工捕杀		6% 四聚乙醛颗粒剂（灭螺灵）	
同型巴蜗牛 Bradybaena similaris	人工捕杀		辛硫磷、6% 四聚乙醛颗粒剂（灭螺灵）	

中文名索引

A

埃及吹绵蚧·····················148

B

巴西含羞草·····················42
白背飞虱·······················124
白盾弧角蝉·····················136
白花菜 ·························82
白花鬼针草·····················58
白花曼陀罗·····················78
白曼陀罗·······················78
白纹伊蚊·······················190
百日红 ·························8
蓖麻 ···························34
壁蜢 ···························157
波蛱蝶·························200

C

菜螺 ···························264
草地贪夜蛾·····················238
草海桐蛇潜蝇···················188
草梧桐·························24
长足捷蚁·······················248
臭草 ·······················56,86
刺胸蝗·························108
翠蓝眼蛱蝶·····················203

翠袖锯眼蝶·····················202

D

打卜子·························82
大飞扬·························26
大叶相思羞木虱·················126
大种马鞭草·····················88
倒团蛇·························88
德国小蠊·······················97
灯笼草·························80
灯笼泡·························80
点蜂缘蝽·······················160
点马蜂·························250
东风螺·························264
东亚飞蝗·······················114
豆荚斑螟·······················216
豆蚜 ···························152
毒死牛草·······················44
短额负蝗·······················104

F

番马胶·························16
纺星花金龟·····················175
飞机草·························60
飞蓬 ···························64
飞扬阿夜蛾·····················236

飞扬草·························26
非洲大蜗牛·····················264
扶桑绵粉蚧·····················142

G

盖裂果 ·························48
甘薯台龟甲·····················182
甘薯天蛾·······················220
甘薯肖叶甲·····················183
甘薯小象甲·····················177
柑橘小实蝇·····················192
古钮菜·························82
古钮子·························82
瓜绢野螟·······················206
光果龙葵·······················82
光叶丰花草·····················54
鬼针草·························58

H

海南青葙·······················8
海棠果翅木虱···················132
含羞草·························46
蒿子草·························64
和他草·························24
褐云玛瑙螺·····················264
黑带红腺长蝽···················170

黑点纹翅飞虱 …………… 122

黑牵牛 ………………………… 84

黑棕马蜂 ………………… 252

红火蚁 …………………… 246

红毛草 …………………… 92

花胫绿纹蝗 ……………… 112

花螺 ……………………… 264

黄花稔 …………………… 20

黄蟋蟀 …………………… 134

黄槿瘦木虱 ……………… 130

黄曲条跳甲 ……………… 184

藿香蓟 …………………… 56

J

蒺藜草 …………………… 90

加拿大蓬 ………………… 64

夹竹桃天蛾 ……………… 224

夹竹桃蚜 ………………… 155

家蝇 ……………………… 194

假败酱 …………………… 88

假臭草 …………………… 70

假马鞭 …………………… 88

假土瓜藤 ………………… 84

角翅绿野螟 ……………… 210

金盏银盘 ………………… 58

K

空心莲子草 ……………… 6

扣子草 …………………… 82

苦味叶下珠 ……………… 32

苦蘵 ……………………… 80

阔叶丰花草 ……………… 52

L

喇叭花 …………………… 78

蓝草 ……………………… 88

瘤缘蝽 …………………… 164

六带桑舞蛾 ……………… 234

龙珠果 …………………… 12

李花菊 …………………… 76

李花蟛蜞菊 ……………… 76

绿鳞象甲 ………………… 178

M

马缨丹 …………………… 64

毛眼灰蝶 ………………… 198

锚纹二星蝽 ……………… 156

美洲斑潜蝇 ……………… 186

美洲大蠊 ………………… 98

美洲含羞草 ……………… 42

美洲马飚儿 ……………… 16

美洲珠子草 ……………… 32

棉蝗 ……………………… 106

棉蚜 ……………………… 154

棉叶蝉 …………………… 119

墨苜蓿 …………………… 50

木槿瘿螨 ………………… 257

N

南美蟛蜞菊 ……………… 72

南美山蚂蟥 ……………… 38

南亚大戟 ………………… 28

拟三色星灯蛾 …………… 214

P

泡桐卷野螟 ……………… 208

匍匐大戟 ………………… 30

铺地草 …………………… 30

Q

七变花 …………………… 86

牵牛藤 …………………… 84

茜草后红斜线天蛾 ……… 226

茄二十八星瓢虫 ………… 176

青葙 ……………………… 8

曲纹紫灰蝶 ……………… 196

R

榕管蓟马 ………………… 102

如意草 …………………… 86

S

三裂叶蟛蜞菊 …………… 72

三叶鬼针草 ……………… 58

扫把麻 …………………… 20

上竹龙 …………………… 84

少花龙葵 ………………… 82

蛇婆子 …………………… 24

蛇尾草 …………………… 88

胜红蓟 …………………… 56

双花蟛蜞菊 ……………… 76

双条拂粉蚧 ……………… 140

斯氏珀蝽 ………………… 158

四方骨草 ………………… 52

苏铁白盾蚧 ……………… 144

粟缘蝽······························168

T

条赤须盲蝽······················162
铁马鞭·····························88
通奶草·····························28
同型巴蜗牛······················266

W

微甘菊·····························66
薇甘菊·····························66
无刺巴西含羞草···············44
无刺含羞草······················44
无根藤·····························2
五彩花·····························86
五色梅·····························86
五爪金龙··························84
五爪龙·····························84

X

西花蓟马··························100

西沙透翅天蛾···················222
西沙卫蝗··························110
膝带长喙天蛾···················230
喜旱莲子草······················6
香泽兰·····························60
小白酒草··························64
小菜蛾····························204
小飞蓬·····························64
小飞扬草··························28
小绿叶蝉··························120
小蓬草·····························64
斜纹夜蛾··························240
新菠萝灰粉蚧···················138

Y

亚铜平龟蝽······················172
烟粉虱····························146
洋金花·····························78
椰心叶甲··························180
椰子织蛾··························242
野鸡冠花··························8
叶足缘蝽··························166

一点拟灯蛾······················218
衣扣草·····························82
翼茎阔苞菊······················68
银合欢·····························40
银合欢异木虱···················128
银毛吹绵蚧······················150
疣蝗·······························116
柚木驼蛾··························232
羽芒菊·····························74
玉龙鞭·····························88
缘黑黄野螟······················212
云斑斜线天蛾···················228
云玛瑙螺··························258

Z

痧草·······························82
皱子白花菜······················4
皱子鸟足菜······················4
朱砂叶螨··························260
紫叶丰花草······················54

学名索引

A

Acanthocoris scaber ································ 164

Achaea janata ································ 236

Acizzia sp. ································ 126

Aedes albopictus ································ 190

Ageratum conyzoides ································ 56

Agrius convolvuli ································ 220

Aiolopus thalassinus ································ 112

Alternanthera philoxeroides ···············6

Amrasca biguttula ································ 119

Anoplolepis gracilipes ································ 248

Aphis craccivora ································ 152

Aphis gossypii ································ 154

Aphis nerii ································ 155

Ariadne ariadne ································ 200

Armatacris xishaensis ································ 110

Asota caricae ································ 218

Atractomorpha sinensis ································ 104

Aulacaspis yasumatsui ································ 144

B

Bactrocera dorsalis ································ 192

Bemisia tabaci ································ 146

Bidens pilosa ································ 58

Blattella germanica ································ 97

Brachyplatys subaeneus ································ 172

Brachyplatys subaeneus ································ 172

Bradybaena similaris ································ 266

Brontispa longissima ································ 180

C

Cassida circumdata ································ 182

Cassytha filiformis ································ 2

Celosia argentea ································ 8

Cemus nigromaculosus ································ 122

Cenchrus echinatus ································ 90

Cephonodes sanshaensis ································ 222

Chondracris rosea ································ 106

Choreutis sexfasciella ································ 234

Chromolaena odorata ································ 60

Cleome rutidosperma ································ 4

Colasposoma dauricum ································ 183

Cylas formicarius ································ 177

Cyrtacanthacris tatarica ································ 108

D

Daphnis nerii ································ 224

Datura metel ································ 78

Desmodium tortuosum ································ 38

Diaphania indica ································ 206

Dysmicoccus neobrevipes ································ 138

E

Edales pandava ⸻ 196

Elymnias hypermnestra ⸻ 202

Empoasca flavescens ⸻ 120

Erigeron canadensis ⸻ 64

Eriophyes hibisci ⸻ 257

Etiella zinckenella ⸻ 216

Euphorbia hirta ⸻ 26

Euphorbia hypericifolia ⸻ 28

Euphorbia prostrata ⸻ 30

Eysarcoris montivagus ⸻ 156

F

Ferrisia virgata ⸻ 140

Frankliniella occidentalis ⸻ 100

G

Graptostethus servus ⸻ 170

Gynaikothrips uzeli ⸻ 102

H

Henosepilachna vigintioctopunctata ⸻ 176

Herpetogramma submarginale ⸻ 212

Heteropsylla cubana ⸻ 128

Hippotion rosetta ⸻ 226

Hippotion velox ⸻ 228

Hyblaea puera ⸻ 232

Hypomeces pulviger ⸻ 178

I

Icerya aegyptiaca ⸻ 148

Icerya seychellarum ⸻ 150

Ipomoea cairica ⸻ 84

J

Junonia orithya ⸻ 203

L

Lantana camara ⸻ 86

Leptocentrus leucaspis ⸻ 136

Leptoglossus gonagra ⸻ 166

Leptynoptera sulfurea ⸻ 132

Leucaena leucocephala ⸻ 40

Liorhyssus hyalinus ⸻ 168

Liriomyza sativae ⸻ 186

Lissachatina fulica ⸻ 264

Locusta migratoria manilensis ⸻ 114

M

Macroglossum sitiene ⸻ 230

Melinis repens ⸻ 92

Melothria pendula ⸻ 16

Mesohomotoma camphorae ⸻ 130

Mikania micrantha ⸻ 66

Mimosa diplotricha ⸻ 42

Mimosa diplotricha var. *inermis* ⸻ 44

Mimosa pudica ⸻ 46

Mitracarpus hirtus ·················· 48

Musca domestica·················· 194

O

Ophiomyia scaevolana ·················· 188

Opisina arenosella ·················· 242

P

Parotis suralis ·················· 210

Passiflora foetida ·················· 12

Periplaneta americana·················· 98

Phenacoccus solenopsis·················· 142

Phyllanthus amarus ·················· 32

Phyllotreta striolata·················· 184

Physalis angulata ·················· 80

Piezodorus hybneri ·················· 157

Platypleura hilpa ·················· 134

Plautia stali·················· 158

Pluchea sagittalis ·················· 68

Plutella xylostella ·················· 204

Polistes (*Polistella*) *stigma* ·················· 250

Polistes (*Polistella*) *brunus*·················· 252

Praxelis clematidea·················· 70

Protaetia fusca·················· 175

Pycnarmon cribrata ·················· 208

R

Richardia scabra·················· 50

Ricinus communis ·················· 34

Riptortus pedestris·················· 160

S

Sida acuta·················· 20

Sogatella furcifera·················· 124

Solanum americanum·················· 82

Solenopsis invicta·················· 246

Spermacoce alata ·················· 52

Spermacoce remota·················· 54

Sphagneticola trilobata·················· 72

Spodoptera frugiperda ·················· 238

Spodoptera litura ·················· 240

Stachytarpheta jamaicensis ·················· 88

T

Tetranychus cinnabarinus·················· 260

Tridax procumbens·················· 74

Trigonotylus coelestialium·················· 162

Trilophidia annulata ·················· 116

U

Utetheisa lotrix·················· 214

W

Waltheria indica ·················· 24

Wollastonia biflora ·················· 76

Z

Zizina otis ·················· 198